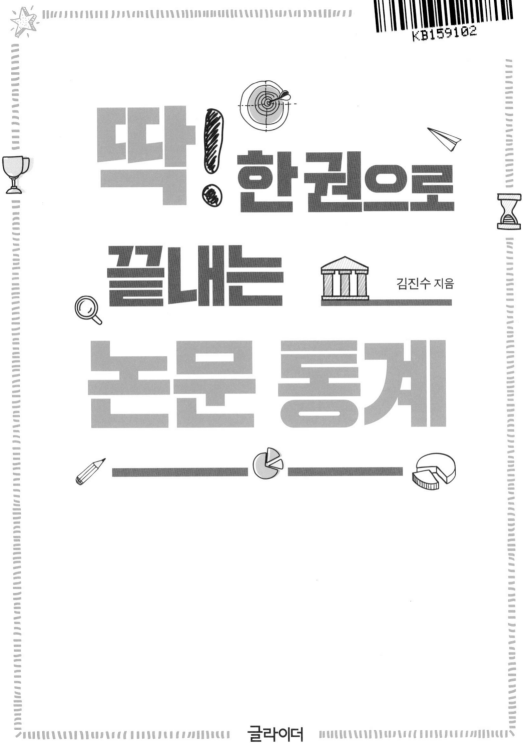

딱! 한 권으로 끝내는 논문 통계

김진수 지음

글라이더

딱! 한 권으로 끝내는 논문 통계

김진수 지음

글라이더

논문 통계 완전 정복!

학위논문을 시작하는 사람들에게 보다 쉽게 이해할 수 있도록 도움을 주기 위해《딱! 30일 만에 논문 작성하기》를 출간하고 많은 독자분께 사랑과 감사의 말씀을 전해 들었습니다. 그리고 통계분석을 보다 쉽게 할 수 있는 방법을 소개해 달라는 요청을 받으면서 이 책을 집필하게 되었고, 기존 통계 서적과는 차별화된 내용을 갖도록 구성하였습니다.

이 책의 특성을 좀 더 구체적으로 살펴보면 이렇습니다.

먼저, 이 책은 통계분석을 위한 출발점에서 시작하였습니다.《딱! 30일만에 논문 작성하기》는 논문을 시작하는 연구자들이 논문을 접근하는 방법에서부터 시작하여 연구모형을 구축하는 방법, 그리고 논문을 작성하는 방법을 예시와 사례를 통해 소개를 했습니다. 반면 이 책은 설계된 연구모형에 대해서 설문지를 구성하는 방법과 SPSS, AMOS, 그리고 AHP 방법을 사용하여 분석하는 내용으로 구성하였습니다.

둘째, 연구자들이 논문 작성에서 많이 사용하는 방법론을 한 권으로 해결할 수 있도록 구성하였습니다. 현재 논문 통계를 분석하는 서적들이 매우 많습니다. 하지만 대부분의 서적들은 회귀분석, 구조방정식을 각각 구성하여 판매를 하고 있는 반면, 이 책은 회귀분석, 구조방정식, 그리고 의사결정방법에서 사용하는 AHP 분석 방법을 한 권에 실어 연구자들이 연구방법에 따라 다양한 분석 방법을 학습할 수 있도록 내용을 구성하였습니다.

셋째, 반드시 필요한 핵심 내용만을 담았습니다. 통계분석 방법에 어려움을 느끼는 연구자는 통계분석에 두려움을 가지고 있습니다. 방대한 양의 책을 구매하더라도 어느 부분을 활용해야할지 몰라 난감해 합니다. 이처럼 많은 연구자들은 자신의 연구모형을 분석하기 위해서 필요한 분석방법을 제대로 이해하지 못하고 있는 실정입니다. 그리고 분석한 내용을 논문에 표현하는 방법도 잘 알지 못하는 경우가 많습니다. 하지만 이 책에서는 설문지를 구성하는 방법, 연구방법에 따라 반드시 분석해야하는 분석내용, 선택적으로 분석해야하는 내용을 제시를 하였고 연구자들이 쉽게 따라할 수 있도록 구성하였습니다.

넷째, 대학원에서 강의 자료로 활용될 수 있도록 구성하였습니다. 대학원에서의 연구조사 방법론은 대부분 분석 방법별로 분석하는 방법을 강의하는 경우가 많습니다. 그렇지만 학생들은 분석 방법을 금새 잊어버리고 논문작성 시 어려움을 느낍니다. 그래서 이 책에서는 분석한 내용을 편집하여 논문에 표시하는 방법과 설명하는 방법을 예시를 통해 제시함으로써 연구자들이 논문을 작성하는데 어려움을 덜어드리고자 하였습니다. 따라서 본 저서를 통해 대학원에서 강의자료로 활용함으로써 연구자들에게 필요한 분석 방법을 우선적으로 강의함으로써 실질적인 도움을 줄 수 있을 것이라 확신합니다.

다섯째, 혼자서도 쉽게 따라할 수 있도록 구성하였습니다. 많은 저서들은 방대한 양을 다루고 있고, 용어가 어렵게 쓰여져 있는 반면 이 책에서는 필요한 분석 방법만 제시했기 때문에 누구나 쉽게 따라 할 수 있습니다.

여섯째, 의사결정방법론에서 가장 널리 사용되는 AHP 기법을 소개하였습니다. 서점에서 AHP 기법을 분석하는 교재를 찾기가 쉽지 않습니다. 그래서 이 책에서는 Expert Choice를 활용하여 AHP 분석을 하기 위한 방법을 소개함으로써 연구자들이 쉽게 AHP 기법을 이해하는 데 도움을 주고자 하였습니다.

분량은 적지만 인과관계와 우선순위 연구를 하고자 하는 연구자들에게 반드시 필요한 내용만으로 구성하였기에 보다 더 실용적으로 활용될 수 있습니다. 석·박사 과정의 학생은 물론이고 대학원에서 강의를 하는 교수님께도 매우 유용한 교재입니다.

끝으로 이 책이 나올 수 있도록 애써주신 글라이더 박정화 대표님께 감사의 말씀을 드립니다. 그리고 늘 곁에서 힘이 되어주고 있는 아내와 쌍둥이 아들(성현, 성준)에게 고마움과 사랑을 전합니다.

2022년 5월

김진수

머리말 · 4

1장 **설문지 작성 단계**

1) 측정 도구 결정 방법 · 10

2) 설문지 구조 · 12

3) 설문 대상자 접근 방법 · 15

4) 설문조사 방법 · 16

5) 설문지 응답 결과 처리 방법 · 17

2장 **통계 분석 단계**

1) 분석 방법 결정 · 20

2) 분석 방법 별로 적합 판단 기준 이해하기 · 21

3장 **SPSS를 활용한 통계 분석**

1. SPSS를 활용한 통계 분석 준비

2. SPSS를 활용한 기초 통계 분석

1) 빈도 분석 · 41

2) 기술통계 분석 · 46

3) 신뢰도 분석 · 52

4) 탐색적 요인 분석 · 54

5) 상관관계 분석 · 60

6) 차이 분석 · 64

3. 회귀분석

1) 단일 회귀분석 · 76

2) 다중 회귀분석 · 79

3) 조절 회귀분석 · 82

4) 매개 회귀분석 · 93

5) 매개효과 검증 · 99

4장 AMOS를 활용한 통계분석

1) AMOS 사용 방법 숙지하기 · 102

2) 확인적 요인분석 · 117

3) 경로분석 · 129

5장 Expert Choice를 활용한 AHP 분석

1) AHP 설문지 작성하기 · 136

2) Expert Choice 프로그램 활용한 AHP 분석 · 139

설문지 작성 단계

1. 측정 도구 결정 방법

Q 측정 도구는 어떤 것을 선택해야 하나요?

A 여러 가지 측정 도구를 확인한 후 연구자가 가장 적합하다고 판단되는 것을 선택하면 됩니다.

인과관계 연구에서는 설문지를 연구자가 임의대로 작성해서는 안 된다. 즉 설문지를 작성하기 위해서는 사용하고자 하는 변수를 측정한 측정 도구를 기존 선행연구에서 찾아서 선택해야 한다.

예를 들어 '양육효능감'에 대한 설문 문항을 결정하고 싶다고 가정해보자. 여러 선행연구에서 사용된 '양육효능감'에 대한 척도를 다음 표와 같이 정리해 볼 수 있다.

양육효능감 척도 정리

연구자명	학위구분	연구제목	측정 도구 출처	하위변인	측정문항수	신뢰도
송경화 (2016)	강남대 박사	양육 스트레스, 양육효능감, 모-아 상호작용이 영아의 언어발달에 미치는 영향	조영숙(2008)이 제작한 척도	의사소통	8	0.85
				교육	8	0.62
				전반적 효능감	5	0.61
김수경 (2007)	경북대 박사	장애유아 어머니의 양육 스트레스,사회적 지지 및 양육효능감이 양육행동에 미치는 영향	Gibaud- Wallston와 Wandersman(1978)의 양육효능감 척도(PSOC: Parenting Sense of Competence)를 신숙재(1997)가 번안·수정한 것	-	9	0.78
조영숙 (2008)	성균관대박사	어머니의 양육스트레스, 양육효능감, 양육행동과 유아의 자기조절능력 간의 관련성 탐색	Allen, 1993; Coleman & Karraker, 2003; Johnston & Mash, 1989; Teti & Gelfand, 1991을 기초로 척도를 제작	의사소통	8	0.86
				교육	8	0.82
				전반적 효능감	5	0.78
				통제	5	0.7
김은영 (2021)	칼빈대 박사	어머니의 행복감, 양육 스트레스와 유아의 사회적 능력 간 관계에서 양육효능감의 매개 효과	신숙재가 번안·수정한 것을 본 연구의 내용에 맞게 일부 수정하여 사용		13	0.873

서수진 (2018)	남서울 대박사	아버지의 양육참여도와 양육효능감이 유아의 자아존 중감에 미치는 영향 : 아버지 행복감의 매개효과를 중심으로	최경순(1992)이 만든 아버지의 양육참여도를 연구자가 본 연구에 맞게 수정	여가활동 참여	13	0.911
				생활지도 참여	9	0.884
				가사활동 참여	4	0.82
				인지적 성취지도 참여	4	0.784
문성희 (2014)	배재대 박사	유아의 일상생활과 아버지 양육행동 및 양육효능감과의 관계 연구 : 대전광역시를 중심으로	영문판 EGSCP를 번안(영문명: General Scale of Parental SEBs)한 것을 성지현,백지희(2011)가 한국판 양육효능감 척도(K-EGSCP)의 타당화 연구로 분석한 도구	훈육	5	0.8
				놀이	5	0.87
				양육	5	0.83
				일상체계 조직	3	0.81
				교육	3	0.85
오혜진 (2018)	이화여 대박사	영아기 자녀를 둔 어머니의 아동기 애착 및 아버지의 양육참여와 어머니의 양육효능감이 양육행동에 미치는 영향	어머니의 양육효능감은 Gibaud-Wallston과 Wandersman(1978)의 양육효능감 척도(Parenting Sense of Competence[PSOC])를 김민정(2008)이 수정·번안한 척도를 사용하여 측정	부모 효능감	8	0.75
				부모로서의 불안감	9	0.77

① 공통적인 것은 모든 연구자가 영·유아를 대상으로 '양육효능감'을 연구한 것이다.

② 연구자마다 측정 도구의 출처가 다양하다.

③ 연구자마다 하위변인이 다양하고 다르다.

④ 연구자마다 사용한 '양육효능감'의 측정 도구에 대한 측정 문항의 수가 다르다.

이러한 상황에서 연구자는 자신의 연구에 사용할 설문 문항을 결정해야 한다. 이 경우 다음과 같은 고민에 빠지게 되지만, 모두 불가능함을 미리 밝힌다.

① 적합하다고 판단하는 측정 도구의 문항수가 많아서 연구자가 임의로 문항 수를 조절하

고 싶다.

② 적합하다고 판단하는 측정 도구의 하위변인이 많아서 연구자가 임의로 하위변인을 조절하고 싶다.

③ 적합한 설문 문항이 없어서 몇 개의 선행연구에서 연구자가 판단하여 중요하다고 생각하는 문항만 선택하여 재구성하고 싶다.

④ 적합한 설문 문항이 없어서 연구자가 임의로 설문 문항을 만들어서 사용하고 싶다.

⑤ 적합하다고 판단하는 측정 도구로 4점 리커트 척도로 사용했으나, 연구자가 임의로 5점 리커트 척도 혹은 7점 리커트 척도로 변경해서 사용하고 싶다.

위에 언급한 다섯 가지에 대해 임의 수정 및 변경이 안 되는 이유는, 각 측정 도구가 척도 개발을 통해 타당화가 이미 확인된 척도일 가능성 때문이다. 만약 연구자가 임의로 수정이나 재구성을 한다면 타당성이 확보되지 않았을 가능성이 높다. 그러나 지도교수와 협의하여 허용되는 부분까지 조정하여 적용할 수는 있다. 그리고 일부 선행연구의 경우 이미 원척도를 임의로 수정해서 사용한다면, 수정해서 사용한 연구자의 설문 문항을 사용하기도 한다.

2. 설문지 구조

Q 설문지는 어떻게 구성되나요?

A 설문지는 세 부분(도입부 · 응답자 특성 · 변수 측정)으로 구분됩니다.

연구모형이 결정되면 설문지를 작성해야 한다. 설문지는 크게 세 부분(도입부·응답자 특성·변수 측정)으로 구성된다.

1) 설문지 도입부에서 연구 제목, 연구 목적을 간략하게 작성한다. 그리고 연구 결과는 통계법에 의거하여 익명이 보장되며 연구 목적 외에 사용되지 않을 것을 알려준다. 그런 다음 연구자가 속한 대학 및 지도교수에 대한 정보를 제시한다. 마지막으로 연구자의 이름과 연락처를 기입하면 된다.

안녕하세요?

본 설문지는 〈 교사의 소명의식과 소명실행 관계 〉를 연구하기 위한 기초 자료를 얻고
다 작성된 것입니다. 이 연구에 현장의 생생한 목소리를 내주시는 선생님의 견해가 꼭 필
요합니다. 평소의 생각과 가장 일치되는 항목에 빠짐없이, 솔직하게 기록해 주시면 됩니
다.

선생님께서 응답하신 설문지는 무기명으로 처리되며, 통계조사법 제 33조의 비밀 보호
원칙에 따라 답변 내용에 대해 비밀이 절대적으로 보장되고, 이 연구 이외의 목적으로 사
용되지 않을 것임을 약속드립니다. 응답하시는 답변 하나하나가 귀중한 자료로 사용 되오
니 한 문항도 빠짐없이 응답해 주시기를 부탁드립니다.
바쁘신 가운데 귀한 시간 내어주신 선생님께 진심으로 감사드립니다.

20XX년 3월

ㅇㅇㅇ대학교 일반대학원
박사과정
지도교수 : ㅇㅇㅇ
연 구 자 : ㅇㅇㅇ
(ㅇㅇㅇ@hanmail.net)

2) 응답자 특성은 5문항에서 10문항 정도로 구성한다. 연구마다 응답자 특성의 내용이 달
라지면 정해진 것이 없다. 하지만 연구 결과를 일반화하는 데 문제가 없도록 다양한 계층에서
설문을 추출했다는 것을 확인하기 위한 문항이 구성되어야 한다. 응답자 특성은 설문의 가장
뒷부분에 위치하기도 한다. 이 또한 연구자가 선택해서 구조를 확정하면 된다.

※ 다음은 「통계학적 분류」를 위한 질문사항입니다. 각 항목별로 귀하께서 해당되는 칸에
체크(✔) 해주시기 바랍니다.

1	귀하의 성별은?	① 남성	② 여성			
2	귀하의 연령은?	① 20대	② 30대	③ 40대	④ 50대	⑤ 60대 이상
3	귀하의 결혼 여부는?	① 기혼	② 미혼	③ 기타		
4	귀하의 교육 정도는?	① 고졸 이하	② 전문대학 재학 / 졸업	③ 대학교 재학 / 졸업	④ 대학원 재학 / 졸업	
5	귀하의 월소득 수준은?	① 299만원 미만	② 300-499만원	③ 500-699만원	④ 700-899만원	⑤ 900만원 이상
6	귀하의 거주지역은?	① 서울	② 경기 / 인천	③ 강원	④ 대전 / 세종 / 충청	⑤ 대구 / 부산 / 울산 / 경상
		⑥ 광주 / 전라	⑦ 제주	⑧ 기타( )		
7	귀하의 직업은?	① 직장인 / 공무원	② 자영업자	③ 학생	④ 주부	⑤ 기타( )

3) 마지막은 변수를 측정하기 위한 문항이다. 변수는 결정된 측정 도구에 대해 연구자가 목적에 맞게 설문 문항을 재구성한 후 설문지에 구성한다. 변수를 측정하기 앞서 응답자들에게 측정하고자 하는 변수가 무엇인지 제시한다. 그러나 하위변수까지 구체적으로 제시하지는 않는다.

[1. 소명의식] 다음 소명의식에 관한 질문입니다. 선생님의 생각을 잘 나타내는 곳에 ∨표 시해 주시기 바랍니다.

번호	문항 내용	전혀 그렇지 않다	별로 그렇지 않다	보통이다	약간 그렇다	매우 그렇다
1	나는 내 일을 하면서 잠재력을 충분히 발휘할 수 있다.	①	②	③	④	⑤
2	나는 내 일에 대해 열정을 가지고 있다.	①	②	③	④	⑤
3	내 일은 곧 나 자신을 의미한다.	①	②	③	④	⑤
4	나는 내 일을 통해 공익에 기여 한다.	①	②	③	④	⑤
5	나의 일은 세상을 더 좋은 곳으로 만드는 데 도움이 된다.	①	②	③	④	⑤
6	내 일을 수행하는 데 있어 높은 도덕적 기준을 가지고 있다.	①	②	③	④	⑤
7	나는 일할 때 나를 이끄는 내면의 소리를 따른다.	①	②	③	④	⑤
8	나를 이끌어 주는 내 요구에 따라 진로를 정한다.	①	②	③	④	⑤
9	지금 내가 하고 있는 일은 나의 운명(천직)이다.	①	②	③	④	⑤

[2. 소명실행] 다음 소명실행에 관한 질문입니다. 선생님의 생각을 잘 나타내는 곳에 ∨표 시해 주시기 바랍니다.

번호	문항 내용	전혀 그렇지 않다	별로 그렇지 않다	보통이다	약간 그렇다	매우 그렇다
1	나는 나의 소명을 실행할 기회들을 자주 가지고 있다.	①	②	③	④	⑤
2	나는 나의 소명과 거의 일치하는 직업에서 현재 일하고 있다.	①	②	③	④	⑤
3	나는 지속적으로 나의 소명대로 살고 있다.	①	②	③	④	⑤
4	나는 현재 나의 소명과 일치하는 활동들에 관여하고 있다.	①	②	③	④	⑤
5	나는 지금 현재 나의 직업에서 소명을 실현하고 있다.	①	②	③	④	⑤
6	나는 내 소명이라고 느끼는 직업에서 일하고 있다.	①	②	③	④	⑤

3. 설문 대상자 접근 방법

Q 설문 대상자는 어떻게 찾을 수 있을까요?

A 연구자가 연구하고자 하는 대상자를 확인하고 접근하는 방법은 다양합니다. 연구자가 가장 적합하다고 판단하는 방식으로 접근하면 됩니다.

연구를 위해 작성된 설문지를 배포하기 전에 설문 대상자를 확정해야 한다. 설문 대상자는 연구자의 연구 목적에 따라 다양하다. 그렇기 때문에 대상자를 확인하는 방법 또한 다양하다.

예를 들어 물류기업 종사자를 대상으로 기업의 공정성이 조직원의 조직몰입과 SCM 성과에 관한 연구를 실시하고자 한다면, 연구자가 직접 물류기업 종사자의 연락처를 확인하거나 연구자의 지인 등을 활용하여 설문 응답자를 확보할 수 있다. 또한 설문조사 전문기관에게 의뢰한다면 기관에서 확보한 물류기업 종사자를 대상으로 조사를 진행할 수도 있다.

이처럼 연구자가 자신의 상황을 확인한 후 가장 쉽게 할 수 방법을 선택하면 된다. 그리고 연구에서 연구 대상자를 확보한 방법을 기술하는 것이 좋다.

[예시] 본 연구의 대상은 국내 물류기업을 대상으로 실시하며 이를 위한 표본은 코리아쉬핑가제트에 등록된 물류기업 회원사로 선정하였다. 확보된 연락처로 직접 연락하여 연구의 목적을 설명하고 설문을 응해줄 것을 요청하였다. 본 연구는 기업의 공정성이 조직원의 조직몰입과 SCM성과를 연구하는 것이기 때문에 설문 응답자를 직급에 상관없이 전체 직급으로 선정하였다. 또한 한 회사에서 여러 명의 응답자를 허용하였는데 이는 각 응답자마다 인지하는 자신의 조직의 공정성에 대한 수준이 다를 것이기 때문에 하나의 기업에 한명을 응답하지 않아도 된다고 판단을 하였기 때문이다. 설문의 객관성과 응답률을 높이기 위해 설문 배포 후 설문지 내용상 이해가 잘 안되거나 궁금한 사항을 확인하여 설문회수를 독려하였다. 본 연구에서는 일부의 설문 응답이 전체를 대표하는 샘플 편향(Sampling Bias)의 오류를 줄이고자 업체의 매출액 수준, 대표업종 등을 다양하게 선정하여 어느 한곳에 치중되지 않도록 설문 대상을 선정하였다.

4. 설문조사 방법

Q 설문조사는 어떻게 하면 될까요?

A 설문조사는 온라인 조사, 방문 조사 등 연구자가 편리한 방식대로 진행하면 됩니다.

설문은 온라인, 방문 조사 등으로 가능하다. 온라인은 구글이나 네이버에서 제공하는 설문지를 연구자가 직접 제작하여 배포할 수 있다. 작성된 설문지를 이메일로 배포하고 이메일로 회수할 수 있다. 방문 조사의 경우, 작성한 설문지를 출력한 후 조사할 수 있다. 또한 연구자는 연구에서 설문조사를 실시한 방법을 기술하는 것이 좋다.

[예시] 설문을 구성하여 배포하기 전, 설문 문항의 이해가 필요하거나 삭제가 필요하다고 판단되는 문항을 산업 및 학계 전문가의 도움을 받아 보완을 실시한 후 설문조사를 20XX년 3월2일~20XX년 4월 15일까지 진행하였다. 설문조사는 연구자가 미리 확보한 이메일 연락처를 통해 설문지를 배포하였으며 설문의 객관성과 응답률을 높이기 위해 설문 배포 후 설문지 내용상 이해가 잘 안되거나 궁금한 사항을 확인하여 설문회수를 독려하였다.

5. 설문지 응답 결과 처리 방법

Q 회수한 설문지는 어떻게 처리하나요?

A 설문 응답 결과를 엑셀에 입력합니다. 그런 뒤 정리된 결과를 분석에 활용합니다.

회수한 설문을 엑셀 파일에 입력한다. 이를 추후 SPSS 프로그램을 사용하여 분석하는 데 활용한다. 흔히 이를 '코딩'이라고 표현한다. 코딩하기 위한 코딩표는 설문지의 순서와 동일하게 작성한다.

❶ 실제 설문지 샘플의 기본사항 내용

❷ 측정하고자 하는 관계지향문화, 혁신지향문화

❸,❹ 설문지와 동일하게 엑셀로 만든 코딩표 원본(기본사항, 조직문화)

❺,❻ 설문지 회수 후 입력한 결과 값의 예시(기본사항, 조직문화)

1 [1] 기본 사항

1. 귀하가 재직하고 있는 건설회사는 ?　(　　　　　　　　　　　　　　)

2. 귀사의 2015년 매출액 수준은 얼마입니까?
　① 2천억 미만　② 4천억 미만　③ 6천억　④ 1조 이상

3. 귀사의 종업원은 몇 명 입니까?
　① 200명 미만　② 200명 이상~ 500명 미만　③ 500명 이상~1,000명 미만　④ 1,000명 이상

4. 설문에 참여하여 응답해 주신 분의 직책은 무엇입니까?
　① 과장　② 차장　③ 부장　④ 상무　⑤ 전무 이상

2 [2] 조직문화

1. 다음은 관계지향문화에 관한 수준을 확인하기 위한 질문입니다. 귀사의 수준과 가장 근접 하다고 생각하는 부분에 체크 바랍니다.

	관계지향문화	전혀 그렇지 않다		보통 이다		매우 그렇다	
1	귀사의 조직은 유연하다고 생각하십니까?	①	②	③	④	⑤	⑥	⑦
2	귀사의 직원은 직무만족도가 높다고 생각하십니까?	①	②	③	④	⑤	⑥	⑦
3	귀사의 조직은 팀워크를 강조하신다고 생각하십니까?	①	②	③	④	⑤	⑥	⑦
4	귀사의 직원들은 상회 신뢰를 한다고 생각하십니까?	①	②	③	④	⑤	⑥	⑦
5	귀사의 조직은 수평적커뮤니케이션을 한다고 생각하십니까?	①	②	③	④	⑤	⑥	⑦
6	귀사의 조직은 인간적 관계형성을 강조한다고 생각하십니까?	①	②	③	④	⑤	⑥	⑦
7	귀사의 조직은 조직원간 업무실적을 강조한다고 생각하십니까?	①	②	③	④	⑤	⑥	⑦

2. 다음은 혁신지향문화에 관한 수준을 확인하기 위한 질문입니다. 귀사의 수준과 가장 근접 하다고 생각하는 부분에 체크 바랍니다.

	혁신지향문화	전혀 그렇지 않다		보통 이다		매우 그렇다	
1	귀사의 조직은 개방적이라고 생각하십니까?	①	②	③	④	⑤	⑥	⑦
2	귀사의 조직은 의사소통이 활발하다고 생각하십니까?	①	②	③	④	⑤	⑥	⑦
3	귀사 조직의 인적자원들의 경쟁력은 높다고 생각하십니까?	①	②	③	④	⑤	⑥	⑦
4	귀사의 조직은 창의성 발휘를 위해 장려를 한다고 생각하십니까?	①	②	③	④	⑤	⑥	⑦
5	귀사의 조직은 혁신수행정도가 높다고 생각하십니까?	①	②	③	④	⑤	⑥	⑦
6	귀사의 조직은 외부환경에 영향을 받는다고 생각하십니까?	①	②	③	④	⑤	⑥	⑦
7	귀사의 조직은 혁신을　위한 지원을 해준다고 생각하십니까?	①	②	③	④	⑤	⑥	⑦

NO	**3** 일반특성				관계문화지향							**4** 혁신지향문화						
	건설사명	매출액	종업원	직책	관계1	관계2	관계3	관계4	관계5	관계6	관계7	혁신1	혁신2	혁신3	혁신4	혁신5	혁신6	혁신7
1																		
2																		
3																		
4																		
5																		
6																		
7																		
8																		

NO	**5** 일반특성				관계문화지향							**6** 혁신지향문화						
	건설사명	매출액	종업원	직책	관계1	관계2	관계3	관계4	관계5	관계6	관계7	혁신1	혁신2	혁신3	혁신4	혁신5	혁신6	혁신7
1	○○건설	4	4	1	4	4	4	3	4	4	3	3	3	4	3	4	5	4	4
2	○○건설	4	4	1	3	3	4	3	4	2	3	4	3	3	3	4	3	4	3
3	○○건설	4	3	1	5	4	5	4	4	3	3	3	4	3	4	2	4
4	○○건설	4	3	3	3	3	3	4	4	2	3	4	3	4	3	5	2
5	○○건설	4	4	1	3	4	2	3	2	3	3	4	2	2	3	3	3	2
6	○○건설	4	4	1	3	2	4	4	3	4	3	3	4	4	2	4	4	5
7	○○건설	4	4	1	4	4	3	3	4	5	3	2	4	4	5	5	2	3
8	○○건설	4	4	2	3	4	3	4	4	5	4	4	3	4	2	3	4

Q 온라인으로 설문조사를 하는 경우에는 어떻게 되나요?

A 온라인의 경우에는 엑셀로 내려받아서 분석에 활용하면 됩니다.

구글이나 네이버에서 제공하는 설문조사 서비스를 활용하여 조사한 경우에는 온라인으로 엑셀을 내려받아서 분석에 활용하면 된다.

❶ 온라인으로 작성된 설문지   ❷ 응답자 현황 확인

❸ 엑셀로 다운로드 가능   ❹ 다운로드한 엑셀을 분석에 활용

2장

통계 분석 단계

1. 분석 방법 결정

Q 연구에서 분석해야 할 내용은 무엇이 있을까요?

A 연구 목적에 따라 분석 내용이 결정됩니다. 인과관계 연구의 경우에는 회귀분석과 구조방정식 분석에 따라 분석 내용이 약간 달라집니다.

연구자는 연구모형과 연구 가설을 검증하기 위해 분석 방법을 결정해야 한다. 하지만 이를 판단하기는 쉽지 않다. 그래서 자신의 연구와 유사한 연구를 살펴보거나 지도교수의 학생이 작성한 연구를 확인하면서 연구 방법을 결정해야 한다. 분석 방법에 따라서 반드시 분석해야 할 것이 있고, 선택하여 분석해야 하는 것이 있다.

인과관계 연구 중에서 가장 많은 연구자가 선택하는 회귀분석과 구조방정식을 중심으로 분석 방법에 대해 살펴보자.

① 회귀분석은 SPSS 프로그램을 이용하여 분석한다. 그리고 빈도 분석, 신뢰도 분석, 상관관계 분석, 회귀분석을 하면 충분하다. 그러나 학위논문을 살펴보면 기술통계 분석, 탐색적 요인분석, 차이 분석 등을 모두 실시한 연구도 있으며, 일부만 진행한 연구도 있다. 이는 지도교수의 스타일 혹은 연구자의 판단에 의해서 분석이 진행된 것이다.

No	분석 종류	구분
1	빈도 분석	필수
2	신뢰도 분석	필수
3	상관관계 분석	필수
4	회귀분석	필수
5	기술통계 분석	선택
6	탐색적 요인분석	선택
7	차이 분석	선택

② AMOS를 활용한 구조방정식으로 인과관계를 분석하는 경우에서 필수로 제시해야 하는 것 역시 네 가지이다. 인구통계학적 특성을 나타내는 빈도 분석, 신뢰도 분석, 확인적 요인분석, 그리고 가설 검정을 위한 구조방정식 분석이다. 탐색적 요인분석은 별도로 할 필요는 없으나 설문 문항의 타당도를 다시 확인하기 위해 해야 한다. 지도교수의 스타일에 따라서 기술통계 분석, 차이 분석 등이 추가로 시행된다. 간혹 교차 분석이 이루어지기도 한다.

No	분석 종류	구분	비고
1	빈도 분석	필수	SPSS
2	신뢰도 분석	필수	SPSS
3	확인적 요인분석	필수	AMOS
4	구조방정식 분석	필수	AMOS
5	상관관계 분석	선택	SPSS
6	기술통계 분석	선택	SPSS
7	탐색적 요인분석	선택	SPSS
8	차이 분석	선택	SPSS

2. 분석 방법 별로 적합 판단 기준 이해하기

Q SPSS나 AMOS로 통계 분석 결과를 해석하는 것이 어려운데, 쉽게 이해할 방법이 있을까요?

A 통계는 약속입니다. 즉 분석에 따른 결과의 적합 여부를 판단하기 위한 기준을 이해하면 어렵지 않습니다.

1) 빈도 분석 적합성 여부 판단 기준

Q 빈도 분석에서 요구하는 기준치가 따로 있나요?

A 아니요, 빈도 분석에서는 요구하는 기준치는 따로 없습니다.

빈도 분석에서 요구하는 기준치로 정해진 것은 없다. 그렇지만 설문지를 구성할 때 주의해야 한다. 즉 인구통계학적 특성이 제대로 반영이 될 수 있도록 설계해야 한다. 그리고 인과관계 연구 결과는 일반화가 가능해야 한다. 이때 특정 지역과 집단 등에 편중되어 설문조사가 이루어지면 연구 결과를 일반화하는 데 문제가 생긴다. 따라서 인구통계학적 특성별로 표본 추출이 고르게 되었는지 확인하면 된다.

빈도 분석을 작성하는 방법은 간단하다. 여기서 주의할 점은 논문에서는 표가 제시되면 해당 표를 본문에서 설명해 줘야 한다는 것이다. 그렇지만 설명하는 것에 대한 규칙은 존재하지 않는다. 아주 간단히 한 줄로 제시할 수 있고, 자세히 제시할 수도 있다. 순서대로 제시하기도 하고, 숫자가 높은 순으로 정리해도 된다.

인구통계학적 분석 결과

구분		N(161)	%
성별	남자	80	49.7
	여자	81	50.3
연령대	20대	40	24.8
	30대	55	34.2
	40대	32	19.9
	50대	34	21.1
학력	고졸이하	35	21.7
	전문대졸	40	24.8
	대학졸	56	34.8
	대학원 이상	30	18.6

인구통계학적 분석

분석 대상인 161명 응답자의 인구통계학적 특성을 살펴보면 다음과 같다.

성별은 남자 80명(49.7%), 여자 81명(50.3%)의 분포를 보임을 확인하였다. 연령대는 전체 응답자 중에서 30대가 가장 많은 55명(34.2%), 20대 40명(24.8%), 50대 34명(21.1%), 40대 32명(19.8%) 순임을 확인하였다. 학력의 경우, 고등학교 졸업 35명(21.7%), 전문대 졸업 40명(24.8%), 대학교 졸업 56명(34.8%), 대학원 이상 30명(18.6%)의 비중을 보였으며 전반적으로 분석을 위한 표본이 고른 분포를 보임을 확인하였다. 이처럼 인구통계학적 특성별로 표본의 추출이 고르게 되었으므로 본 연구의 결과를 일반화하는데 무리가 없다고 판단하였다.

2) 신뢰도 분석 적합성 여부 판단 기준

Q 신뢰도 분석에서 요구하는 기준치가 따로 있나요?

A 예, 있습니다.

신뢰도 분석이란, 측정한 문항을 얼마나 신뢰하여 그것을 사용할 수 있는가 확인하는 분석이다. 사회과학 통계에서 가장 널리 사용되는 크론바흐 알파(Cronbach's α) 계수가 0.6 이상이면 비교적 신뢰성을 확보했다고 볼 수 있다.

그리고 설문조사에서 얻어진 데이터에 대해서는 반드시 신뢰도 검사를 거쳐야 한다. 비록 타당도의 경우에는 이미 선행연구에서 측정도구의 타당도가 확인이 되었으므로 생략이 가능하지만, 신뢰도는 반드시 다시 확인을 해야만 하는 점이 탐색적 요인분석 신뢰도의 차이이다.

신뢰도 분석 결과

구분	요인	신뢰도(Chronbach's 알파)
독립변수	분배 공정성	.843
	절차 공정성	.942
	상호작용 공정성	.876
매개변수	조직몰입	.888
종속변수	SCM 성과	.965

신뢰도 분석

설문지의 각 항목 응답에 대한 신뢰도를 확인하기 위해서 사회과학 통계에서 가장 널리 사용되는 크론바흐알파(Cronbach's α)계수를 사용하였다. 일반적으로 사회과학연구에서는 크론바흐알파(Cronbach's α)계수가 0.6이상이면 비교적 신뢰성을 확보했다고 볼 수 있다. 따라서 본 연구에서도 0.6 기준으로 평가를 실시하였다. 그 결과 분배 공정성(.843), 절차 공정성(.942), 상호작용 공정성(.876), 조직몰입(.888), SCM 성과(.965)로 확인되었고 모두 기준치를 충족 한 것으로 나타났다. 이를 통해 본 연구에서 사용하고자 하는 변수들의 측정항목들은 신뢰도가 확보되었다고 판단하였다.

3) 기술통계 분석 적합성 여부 판단 기준

Q 기술통계 분석에서 요구하는 기준치가 따로 있나요?

A 예, 있습니다.

기술통계 분석으로 평균, 표준편차만 제시하는 논문도 있다. 또 왜도와 첨도까지 제시하는 경우도 있다. 평균과 표준편차만 확인하는 경우는 변수 간의 평균을 확인하고 비교하기 위한 것이다. 왜도와 첨도까지 분석하는 경우는 정규분포 여부를 확인하기 위한 것이다. 정규분포란 종 모양인데, 중앙을 기준으로 좌측과 우측이 대칭인 분포를 의미한다. 자신이 수집한 데이터가 특정 문항에서 응답 비율이 월등히 높거나 그 값이 한쪽으로 치우쳐 있다면, 정규분포가 아닐 수 있다.

'왜도'란 정규분포 그림을 절반으로 접었을 때 좌측과 우측이 동일하지 않고 좌측이나 우측으로 삐져 나오는 정도를 의미한다. '첨도'란 종 모양 중앙 부분의 뾰족한 정도를 의미한다. 하지만 왜도와 첨도를 모른다거나 왜도와 첨도를 구하는 방법을 몰라도 상관없다.

기술통계분석에 제시되는 내용

No	제시 내용	기준치
1	평균	기준치 없음
2	표준편차	기준치 없음
3	왜도	절댓값 기준으로 2~3보다 작으면 적합
4	첨도	절댓값 기준으로 4~10보다 작으면 적합

※ 위 기준치는 여러 학위 논문과 논문 통계 분석 저서에서 제시하는 내용을 요약한 것임.

기술통계 결과

구분		평균	표준편차	왜도	첨도
근무 환경	인적환경	3.781	.554	-.729	2.427
	물리적환경	3.409	.683	-.172	.793
	보상체계	3.692	.506	-.647	3.148
	근무촉진	3.741	.560	-.918	3.001
	근무억제	3.191	.558	-.140	.166
근무환경 전체		3.563	.389	-.383	1.623
직무성과		3.479	.559	-.741	2.700

기술통계 분석

측정변수(근무환경, 직무성과)에 대하여 평균 및 표준편차, 첨도, 왜도를 확인하기 위해 기술통계분석을 하였다. 근무환경의 하위 요소 중에서 평균이 가장 낮은 것은 물리적 환경(M=3.409)으로 나타났고 가장 높은 것은 인적 환경(M=3.781)으로 확인되었다. 그리고 근무환경 전체는 평균이 3.563점으로 나타났다. 그리고 직무성과는 평균이 3.479로 확인되었다.

다음으로 연구 결과가 정규분포를 따르는지 확인하기 위해 첨도와 왜도를 확인하였다. 일반적으로 왜도의 절댓값이 2를 넘지 않았을 경우 정규성을 벗어나지 않는 것으로 볼 수 있다. 그리고 첨도는 절댓값을 기준으로 7을 넘지 않을 경우 정규분포 조건이 충족될 수 있다. 이러한 기준에 따라 응답 결과의 데이터는 정규분포를 따르는 것으로 확인되었다.

4) 탐색적 요인분석 적합성 판단 기준

Q 탐색적 요인분석에서 요구하는 기준치가 따로 있나요?
A 예, 있습니다.

대부분의 인과관계 연구에서 설문 문항을 구성할 때, 선행 연구자가 사용한 설문 문항을 자신의 연구 목적에 맞게 조작적으로 정의한 후 재구성하여 사용한다. 그러므로 탐색적 요인분석을 별도로 하지 않아도 된다. 그렇지만 학과나 지도교수의 스타일에 따라 반드시 탐색적 요인분석을 해야 하는 경우가 있다. 반면 학과나 지도교수의 스타일에 따라서 탐색적 요인분석을 하지 않아도 되는 경우도 있다. 따라서 학과나 지도교수의 스타일에 맞춰서 분석 여부를 판단하면 된다.

비록 설문 문항이 선행연구에서 조작 정의 후 사용되었고, 이미 해당 측정 도구의 타당화가 이루어졌다고 해도 자신의 연구 대상자들이 응답하는 과정에서는 선행연구와 다르게 인식할 수있다. 또 타당도가 떨어지는 결과값을 사용하여 인과관계 분석을 할 때 결과값이 좋지 않을 수 있다. 따라서 사전에 여러 가지 검사를 하여 부적절한 문항을 제거하고 적합한 문항만 최종 분석에 사용하기 위해 탐색적 요인분석을 실시한다.

탐색적 요인분석을 통해 타당도를 판단하는 기준 여섯 가지는 다음 표와 같다.

탐색적 요인분석을 통한 타당도 판단 기준 6가지

기준	판단 지수	설명	기준치
1	공통성 (communality)	각 변수를 설명하는 요인에 대한 개념의 설명력을 나타냄	0.4~0.5 이상
2	KMO (kaiser-meyer-olkin)	구체적으로 표본의 적합도를 나타냄	0.5~0.7 이상
3	구형성 검정 (Bartlett's test of sphericity)	변수 간의 독립적 관계를 제시	$P < 0.05$
4	고유값 (eigenvalue)	하나의 요인에 대한 변수들의 분산 총합	1 이상
5	총 설명력 (variance explained)	하나의 요인으로 설명될 수 있는 분산 비율	60% 이상
6	요인 적재값 (factor loading)	해당 요인에 의해 변수를 어느 정도 설명하는 요인과 변수 간의 상관계수를 표시	0.4~0.5 이상

※ 위 기준치는 여러 학위 논문과 논문 통계 분석 저서에서 제시하고 있는 내용을 요약한 것임.

독립변수 탐색적 요인분석 결과

구분	측정변수	공통성	표준편차	왜도	표준편차	비고
			1	2	3	
지식	지식 1	.770	.850	.168	.140	
	지식 2	.781	.843	.212	.160	
	지식 3	.737	.828	.208	.091	
기술	기술 1	.697	.470	.220	.654	
	기술 2	.743	.435	.279	.690	
	기술 3	.679	.443	.216	.660	
	기술 4	.831	.730	.511	.192	제거
태도	태도 1	.715	.111	.664	.511	
	태도 2	.623	.258	.746	.003	
	태도 3	.639	.171	.780	-.045	
아이겐값			6.818	4.277	2.690	
% 분산			35.886	22.510	14.157	
총 설명력			35.886	58.396	72.553	
Kaiser-Meyer-Olkin(.923), 유의확률(.000)						

탐색적요인 분석

본 연구에서는 선행연구에 기반하여 설문문항을 추출하였기 때문에 탐색적 요인을 실시를 하지 않아도 무방하겠으나, 연구 내용의 독창성과 응답과정에서 특이성으로 인해 선행연구와 차이가 발생할 수 도 있다고 판단하여 탐색적 요인분석을 실시하였다. 그리고 부적합한 측정 문항을 사전에 제고함으로써 측정도구의 타당성을 확보하고자 하였다. 모든 측정변수는 구성 요인을 추출하기 위하여 주성분 분석(Principle component analysis)을 사용하였으며, 요인적재치의 단순화를 위하여 직교회전방식(Varimax)를 채택하였다.

탐색적 요인분석을 실시하기 전에 추출된 요인들에 의해서 각 변수가 얼마나 설명되는지를 나타내는 ①공통성(Communality)을 측정하였다. 분석결과 전체 측정문항의 공통성은 0.4 이상임을 확인할 수 있었으며 이를 통해 공통성이 확보되었다고 판단하였다. 그리고 정성적 관점에서 일반적으로 ②KMO(Kaiser-Meyer-Olkin)와 ③Bartlett의 구형성 검정을 통해 표본의 적절성을 평가한 결과 KMO는 0.923이고 유의확률은 0.05이하로 주요 요인 분석을 수행하는데 문제가 없다고 판단하였고 전체 상관관계 행렬이 요인분석에 적합하다고 판단하였다.

다음으로 본 연구의 문항 선택기준은 ④고유값(Eigan value)이 모두 1.0이상이었고 ⑤총설명력은 72.553%로 기준을 충족하였다. 마지막으로 ⑥요인적재값을 확인한 결과 기술4(.192)가 기준치 0.4를 충족하지 못하여 제거를 하였다.

5) 차이 분석 적합성 판단 기준

Q 차이 분석에서 요구하는 기준치가 따로 있나요?

A 예, 있습니다.

차이 분석은 보편적으로 인구통계학적 특성(성별, 연령대, 학력, 소득 수준, 거주 지역 등)에 따른 평균 차이를 확인하는 분석 방법이다. 평균 차이를 분석하고자 하는 집단이 둘이면 독립표본 t-test를 실시하고, 평균 차이를 분석하고자 하는 집단이 셋 이상이면 일원변량 분석을 실시한다.

차이 분석에 사용되는 기준치로 t, p, F가 있다.

차이분석에 사용되는 기준치

구분	독립표본 t-test	일원변량 분석
유의 수준 확인	t, p	F, p
차이 발생 판단 기준	95% 수준($p < 0.05$)일 때	
차이가 발생하면	두 집단 간에 평균차가 있다고 바로 판단 가능	어떤 집단 간에 차이가 있는지 바로 확인 불가능
평균 차이 확인 방법	집단 간 평균 점수 비교	사후 분석으로 평균 점수 비교

t와 F의 경우, 분석 방법에 따라 표시되기도 하고 그렇지 않기도 한다. AMOS의 경우에는 C.R로 표시되기도 한다. 그러나 p값은 유의 수준을 판단하는 데 공통으로 사용된다.

표시 방법과 의미는 다음 표와 같다.

t값과 p값으로 평균차이 유의여부 판단

t값	p값	표시 방법	의미
절댓값 t ≥ 1.96	p 〈 0.05	*	95% 수준에서 유의하다.
절댓값 t ≥ 2.56	p 〈 0.01	**	99% 수준에서 유의하다.
절댓값 t ≥ 3.30	p 〈 0.001	***	99.9% 수준에서 유의하다.

성별에 따른 차이분석 결과

구분		N	평균	표준편차	t	p
근무 환경	남자	368	3.448	.570	-2.688**	.007
	여자	230	3.563	.389		
직무성과	남자	368	4.040	.545	12.132***	.000
	여자	230	3.479	.559		

** p〈.01, *** p〈.001

남자와 여자 간의 차이분석 결과

먼저, 독립표본 t-test는 두 집단 간의 평균차이를 확인하기 위한 방법이다. 독립표본t-test의 분석 시 유의확률을 기준으로 0.05보다 큰 경우에는 등분산이 가정됨을 기준으로 분석하고, 0.05보다 낮을 경우에는 등분산이 가정되지 않음으로 적용하였다. 또한 t 값은 집단 간의 평균차이를 의미한다. 남자와 여자 간 측정변인에 대한 평균 차이를 확인하기 위해 독립표본 t-test를 실시한 결과 근무환경(p〈.01), 직무성과(p〈.001)에서 두 집단 간 평균 차이가 있는 것으로 확인되었다. 그리고 근무환경에 대한 평균은 여자 집단이 더 높았으며 직무성과에 대한 평균점수는 남자가 더 높았다.

6) 상관관계 분석 적합성 판단 기준

Q 상관관계 분석에서 요구하는 기준치가 따로 있나요?

A 예, 있습니다.

상관관계는 연구에서 사용된 변수 간의 상호 관련성이 어느 정도인지 측정하는 것이다. 반면 인과관계는 변수 간의 원인과 결과를 확인하는 것이다.

예를 들어 공부를 잘하는 것과 좋은 대학에 가는 것은 상관관계는 있지만, 반드시 공부를 잘해야 좋은 대학에 가는 것은 아니다. 이것이 인과관계와 상관관계와의 차이이다.

상관관계에서 사용되는 통계 기호와 의미는 다음 표와 같다.

상관관계에서 표현되는 내용

NO	제시 내용	기준치
1	*	변수와 변수 간에 상관관계가 있다(유의하다)는 의미
2	r	소문자 r은 상관계수를 표시하는 기호

상관관계 크기

NO	제시 내용	기준치
1	Large	$r \leqq \pm 0.46$
2	Middle	$0.29 \leqq r < 0.46$
3	Small	$0.10 \leqq r < 0.29$

상관관계 분석 결과

	근무환경	근무만족	조직몰입	이직이도
근무환경	1			
근무만족	.686**	1		
조직몰입	.334**	.292**	1	
이직의도	-.462**	-.308**	-.441**	1

** $p < .01$

변수 간의 상관관계를 확인하기 위해 피어슨 상관관계 분석을 실시하였다. 상관관계분석은 변수들 간의 관련성을 분석하기 위해 분석이 된다. 즉, 하나의 변수가 다른 변수와 어느정도 밀접한 관련성을 가지는지를 알아보기 위함이다. 그리고 상관관계 분석에서 가장 널리 사용되는 Pearson 상관관계 분석을 실시하였다. 상관관계는 최대 1부터 최소 −1까지이다.

분석 결과 근무환경은 근무만족(r=.686, p⟨.01)과 높은 상관관계를 보이는 것으로 확인되었다. 그리고 근무환경과 조직몰입(r=.334, p⟨.01)은 중간수준의 상관관계였으며 근무환경과 이직의도(r=-.462, p⟨.01)는 높은수준의 음(-)의 상관관계로 밝혀졌다. 근무만족은 조직몰입(r=.292, p⟨.01)과 중간크기의 상관관계를 보였고 근무만족과 이직의도(r=-.308, p⟨.01) 역시 중간 수준의 음(-)의 상관관계를 보이는 것을 알 수 있었다. 마지막으로 조직몰입은 이직의도(r=-.441, p⟨.01)와 중간수준의 상관관계를 보였고 유의한 부적(-) 상관관계를 확인할 수 있었다. 이를 통해 측정하고자 하는 변수 간에는 모두 유의한 상관관계가 있는 것을 알 수 있었다.

7) 회귀분석 적합성 판단 기준

Q 회귀분석에서 요구하는 기준치가 따로 있나요?

A 예, 있습니다.

회귀분석에서는 연구자가 수립한 연구 가설(연구 문제)에 대한 채택 여부를 확인하는 과정이다. 따라서 최종적으로는 아래의 t값, p값을 기준으로 판단한다.

t값과 p값 기준으로 유의 여부 판단

t값	p값	표시 방법	의미
절댓값 t ≥ 1.96	p ⟨ 0.05	*	95% 수준에서 유의하다.
절댓값 t ≥ 2.56	p ⟨ 0.01	**	99% 수준에서 유의하다.
절댓값 t ≥ 3.30	p ⟨ 0.001	**	99.9% 수준에서 유의하다.

회귀분석에서 사용되는 주요한 통계 기호를 표로 제시하면 다음과 같다.

회귀분석에 사용되는 통계 기호 및 기준

기호	의미	기준
B	비표준화 계수	
베타(β)	표준화 계수	1 미만
R	상관계수	
R^2	설명력	
공차, VIF	공선성 통계량	공차는 0.1 이상, VIF 10미만
Durbin-Watson	자기상관	2에 가까울수록
$\triangle R^2$	설명력의 변화량	
$\triangle F$	F 변화량	
t값		
p값	유의 수준	

다중회귀분석 결과 표 작성예시

근무환경과 조직특성이 직무만족에 미치는 영향 결과

종속 변수	독립 변수	비표준화 계수		표준화 계수	t	유의확률	공선성 통계량	
		B	표준 오차	베타			공차	VIF
직무 만족	근무환경	.619	.045	.561	13.89***	.000	.851	1.175
	조직특성	.233	.047	.202	4.998***	.000	.851	1.175

Durbin-Watson(1.981), R(.666), R^2(.443), F(159.667), p(.000)

근무환경과 조직특성이 근무환경에 미치는 영향을 확인하기 위해 다중회귀분석을 실시하였다. 우선 Durbin-Watson을 체크한 결과 1.981로 2에 근접하여 자기상관이 거의 없는 것으로 확인되었다. 그리고 p값이 .000으로 .05보다 작아 독립변수 중에서 종속변수에 유의한 영향을 주는 변수가 있을 것으로 예상하였다. 독립변수와 종속변수와의 상관관계(R)는 .666으로 높은 상관관계를 확인할 수 있었다. 그리고 변수 간 다중공선성을 확인하기 위해 공차와 VIF를 확인한 결과, 공차는 모두 0.1 이상, VIF 10 미만으로 다중공선성이 없는 것을 확인할 수 있었다.

이어 분석한 결과의 계수표를 이용하여 어떤 변수가 매개변수에 영향을 미쳤는지를 확인하였다. 그 결과 근무환경과 조직특성 모두 근무환경에 유의한 영향($p<.001$)을 미치는 것으로 확인되었다. 그리고 유의한 영향을 주는 변수가 어떤 영향을 주는지 알아보기 위하여 비표준화 계수인 B값을 확인해 보았다. 그 결과 근무환경 요인(B=.619), 조직특성 요인(B=.233)으로 나타났으며 모두 양수(+)로 확인하였다. 따라서 근무환경이 향상될수록, 조직특성이 강화될수록 직무만족은 높아진다는 것을 확인할 수 있었다. 그리고 근무환경(β=.561)이 조직특성(β=.202)보다 직무만족에 더 많은 영향을 미치는 것을 확인할 수 있었다.

더불어 독립변수가 종속변수를 얼마나 설명하고 있는지 확인하기 위해 R^2값을 살펴본 결과, 44.3%임을 확인할 수 있었다.

8) 확인적 요인분석 적합성 판단 기준

Q 확인적 요인분석에서 요구하는 기준치가 따로 있나요?

A 예, 있습니다.

확인적 요인분석은 탐색적 요인처럼 타당성을 확인하는 것이다. 그러나 탐색적 요인분석은 SPSS에서 실시하고, 확인적 요인분석은 AMOS 등 전문 분석 S/W로 확인한다. 탐색적 요인분석은 측정하고자 하는 문항과 해당 요인 간에 체계적 정리나 이론 정립이 안 된 경우에 사용하지만, 확인적 요인분석은 연구자가 이론적 근거나 선행연구 등을 바탕으로 변수들 간의 관계가 정립된 경우에 사용한다.

확인적 요인분석은 크게 세 가지 단계로 구성된다.

① 모형적합도 확인

모형적합도는 크게 세 가지로 구분하며 다음 표와 같다.

유형	적합지수	권장 수준	적합 여부
절대 적합지수	x^2	>0.05	
	GFI	0.9 이상, 1.0에 가까울수록	적합
	RMR	0.05 이하, 0에 가까울수록	적합
	RMSEA	0.05~0.08	적합
증분 적합지수	NFI	0.9 이상, 1.0에 가까울수록	적합
	NNFI(TLI)	0.9 이상, 1.0에 가까울수록	적합
간명 적합지수	AGFI	0.9 이상, 1.0에 가까울수록	적합
	CFI	0.9 이상, 1.0에 가까울수록	적합

② 집중타당성 확인

모형적합도가 확인되었다면 다음 단계는 집중타당성을 확인하는 것이다. 집중타당성은 개념타당성과 수렴타당성으로 구분된다. 먼저 개념타당성은 표준화값을 확인하며 AMOS 결과에서 확인할 수 있다. 반면 수렴타당성은 평균추출지수와 개념신뢰도를 확인하되 정해진 공식에 따라 별도 계산한 후 제시되어야 한다.

유형	구분	지수	기준	비고
집중타당성	개념타당성	표준화값	0.5 이상 (0.7 이상이면 바람직)	AMOS에서 확인 가능
	수렴타당성	평균추출지수(AVE)	0.5 이상	수작업으로 계산
		개념 신뢰도(C.R값)	0.7 이상	수작업으로 계산

③ 판별타당성 확인

확인적 요인분석의 마지막 단계는 판별타당성을 확인하는 것이다. 판별타당성 역시 공식에 따라 계산해야 한다.

유형	기준		비고
판별타당성	평균분산추출(AVE)값 〉 상관계수^2		수작업으로 계산
	(상관계수±2X표준오차) ≠ 1		

모형적합도 및 집중타당도 분석 결과

구분			비표준 적재치	표준 적재치	S.E.	C.R.	P	개념 신뢰도	AVE
관계 혜택	→	관계혜택5						0.887	0.581
	→	관계혜택4	0.832	0.792	0.044	19.111	***		
	→	관계혜택3	0.723	0.765	0.049	14.677	***		
	→	관계혜택2	0.882	0.832	0.042	20.786	***		
	→	관계혜택1	0.87	0.794	0.045	19.191	***		
판매자_의존성	→	전문성4	1	0.796				0.882	0.575
	→	전문성3	1.06	0.907	0.052	20.503	***		
	→	전문성2	1.124	0.893	0.056	20.117	***		
	→	전문성1	0.936	0.756	0.058	16.121	***		

χ2=615.346,d.f=3335,p=.000,CMIN/DF=1.837,GFI=.897,NFI=.918,
NNFI(TLI)=.956,CFI=.961,RMSEA=.057,RMR=.032,AGFI=.875

판별타당성 분석 결과

	관계혜택	판매자의존성	AVE
관계혜택	1		0.581
판매자의존성	0.349**	1	0.575

판별타당성이란 각기 다른 잠재변수 들 간에 차이를 표시하는 정도를 말한다(김원표, 2008). 판별타당성의 첫번째 조건은 (AVE값) 〉(상관계수)²를 충족해야 한다. 두 번째는 (상관계수 ± 2×표준오차) ≠1를 충족해야 한다. 즉, 표준오차에 2를 곱하고 상관계수에 더하거나 뺐을 때, 그 값이 1을 포함하지 않아야 함을 의미한다(허준, 2013).

위와 같은 두 가지 기준을 통해 판별타당성을 확인한 결과, 1이 포함되지 않았음을 확인할 수 있었다. 그리고 평균분산추출 값이 모두 큼을 알 수 있었다. 이를 통해 판별타당성이 확보되었음을 판단하였고 부트스트래핑을 통해 유의성을 확인한 결과 통계적으로 모두 유의($p < .01$)하였다.

9) 구조방정식 적합성 판단 기준

Q 구조방정식 분석에서 요구하는 기준치가 따로 있나요?

A 예, 있습니다.

구조방정식을 활용한 경로 분석도 회귀분석과 마찬가지로 연구자가 수립한 연구 가설(연구문제)에 대한 채택 여부를 확인하는 과정이다. t값 대신에 C.R로 표시가 되는 점이 다르다. 그리고 최종적으로는 아래의 C.R, p값을 기준으로 판단한다.

C.R과 p값으로 유의 여부 판단

C.R값	p값	표시 방법	의미
절댓값 t ≥ 1.96	$p < 0.05$	*	95% 수준에서 유의하다.
절댓값 t ≥ 2.56	$p < 0.01$	**	99% 수준에서 유의하다.
절댓값 t ≥ 3.30	$p < 0.001$	***	99.9% 수준에서 유의하다.

SPSS를 활용한 통계 분석

I SPSS를 활용한 통계 분석 준비

SPSS 프로그램으로 분석하기 전, 설문조사를 통해 수집된 데이터를 SPSS 프로그램에 입력해야 한다.

① 분석을 위한 예시 연구모형은 아래와 같다.

② 연구모형에 대한 변수들의 설문 문항 수와 설문 문항은 아래와 같다.

구분	요인	설문 문항
독립 변수	분배 공정성 (5문항)	①직급 및 전문성에 따른 보상 ②주어진 책임에 대한 보상 ③경력 빛 경험에 따른 보상 ④조직발전을 위한 노력에 따른 보상 ⑤업무성과에 따른 보상
	절차 공정성 (5문항)	①업적평가 기준 및 절차의 공정성 ②포상 및 성과결정 절차의 공정성 ③부서이동 기준 및 절차의 공정성 ④업무배분 방침의 공정성 ⑤인사고과 및 진급(승진) 절차의 공정성
	상호작용 공정성 (5문항)	①상사의 자신에 대한 편견 배제 ②상사의 자신에 대한 친절성 ③상사의 자신에 대한 권리 존중 ④상사의 자신의 업무 의사소통 ⑤상사의 자신에 대한 솔직한 의사소통
매개 변수	조직 몰입 (5문항)	①평생 직장 다니고 싶은 마음 ②회사 문제가 나의 문제로 인식 ③직장동료에 대한 의무감 ④회사로부터 덕을 보고 있음 ⑤이직 시 죄책감 느끼는 여부
종속 변수	SCM성과 (5문항)	①업무처리 시간 단축 ②비용 절감 ③계획 및 통합업무 처리 가능 ④제품 품질 향상 ⑤고객서비스 향상
인구통계학특성	5	성별, 직급, 직군, 종업원 수, 매출액 수준

③ 엑셀 코딩표 준비 - 앞서 설명한 바와 같이 설문조사 후의 결과를 다음 그림과 같은 엑셀 코딩표에 입력한 후 분석 준비를 한다.

※ 설문지 회수 _ 조직공정성이 조직몰입과 SCM성과0 작성방법 - 회수한 설문지별로 응답자의 응답한 것에 대한 빈도를 기입하시면 됩니다.

④ SPSS 프로그램을 실행한다.

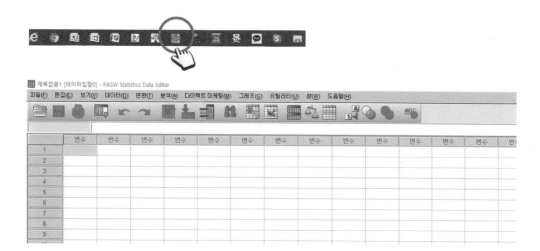

⑤ 엑셀을 복사(Ctrl+C)한 후 실행된 SPSS 프로그램의 바탕화면에 붙여넣기(Ctrl+V)를 한다.

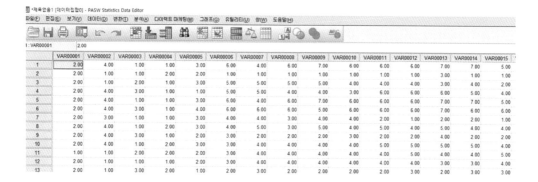

	VAR00001	VAR00002	VAR00003	VAR00004	VAR00005	VAR00006	VAR00007	VAR00008	VAR00009	VAR00010	VAR00011	VAR00012	VAR00013	VAR00014	VAR00015
1	2.00	4.00	1.00	1.00	3.00	6.00	4.00	6.00	7.00	6.00	6.00	6.00	7.00	7.00	5.00
2	2.00	1.00	1.00	2.00	2.00	1.00	1.00	1.00	1.00	1.00	1.00	1.00	3.00	1.00	1.00
3	2.00	1.00	2.00	1.00	3.00	5.00	5.00	5.00	5.00	4.00	4.00	4.00	3.00	4.00	2.00
4	2.00	4.00	3.00	1.00	1.00	5.00	5.00	4.00	4.00	3.00	6.00	6.00	6.00	5.00	4.00
5	2.00	4.00	1.00	1.00	3.00	6.00	4.00	6.00	7.00	6.00	6.00	6.00	7.00	7.00	5.00
6	2.00	4.00	3.00	1.00	4.00	6.00	6.00	6.00	5.00	6.00	6.00	6.00	7.00	6.00	6.00
7	2.00	3.00	1.00	1.00	3.00	4.00	4.00	3.00	4.00	4.00	2.00	1.00	2.00	2.00	1.00
8	2.00	4.00	1.00	2.00	3.00	4.00	5.00	3.00	5.00	4.00	5.00	4.00	5.00	4.00	4.00
9	2.00	4.00	3.00	1.00	2.00	3.00	2.00	2.00	2.00	3.00	2.00	2.00	4.00	2.00	2.00
10	2.00	4.00	1.00	2.00	3.00	3.00	4.00	4.00	4.00	4.00	5.00	5.00	5.00	5.00	4.00
11	1.00	1.00	2.00	2.00	2.00	4.00	4.00	4.00	4.00	4.00	4.00	5.00	4.00	4.00	5.00
12	2.00	1.00	1.00	1.00	2.00	3.00	4.00	4.00	4.00	4.00	4.00	4.00	3.00	3.00	4.00
13	2.00	1.00	3.00	2.00	1.00	2.00	3.00	2.00	2.00	2.00	2.00	3.00	2.00	3.00	3.00

⑥ 변수명 변경하기 – 엑셀 코딩표는 설문지의 내용과 동일하게 표를 작성한 것이다. 하지만 SPSS 프로그램으로 붙여넣기를 할 경우, 변수의 이름이 'VAR00001', 'VAR00002'와 같이 표시된다. 따라서 이를 변경하는 것이 편리하다.

No	기본사항					분배공정성				
	성별	직급	직군	종업원수	매출액수준	분배1	분배2	분배3	분배4	분배5
▾	1 ▾	2 ▾	3 ▾	4 ▾	5 ▾	1 ▾	2 ▾	3 ▾	5 ▾	6 ▾
1	2	4	1	1	3	6	4	6	7	6
2	2			1		1	1	1	1	1

❶ 변수 보기(V)를 클릭하면 화면이 변경 된다.

❷ 이름을 변경한다.

Tip 각 행에 직접 이름을 입력할 수도 있다. 엑셀에 입력된 이름을 복사한 후 붙여넣기를 할 수도 있다.

Tip 이름이 띄어쓰기 된 경우에는 입력되지 않으므로 변수명에서 띄어쓰기를 없애야 한다.

❸ 변경된 이름을 확인할 수 있다.

❹ 데이터 보기(D)를 클릭하면 화면이 변경된다.

❺ 변수명이 변경된 것을 확인할 수 있다.

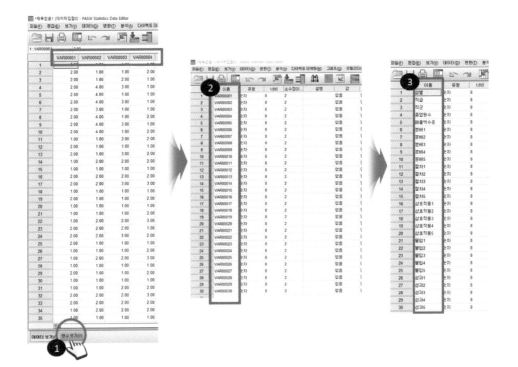

40

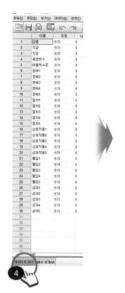

	성별	직급	직군	종업원수	매출액수준	분배1	분배2	분배3	분배4	분배5	절차1
1	2.00	4.00	1.00	1.00	3.00	6.00	4.00	6.00	7.00	6.00	6.(
2	2.00	1.00	1.00	2.00	2.00	1.00	1.00	1.00	1.00	1.00	1.(
3	2.00	1.00	2.00	1.00	3.00	5.00	5.00	5.00	5.00	4.00	4.(
4	2.00	4.00	3.00	1.00	1.00	5.00	5.00	4.00	4.00	3.00	6.(
5	2.00	4.00	1.00	1.00	3.00	6.00	4.00	6.00	7.00	6.00	6.(
6	2.00	4.00	3.00	1.00	4.00	6.00	6.00	6.00	5.00	6.00	6.(
7	2.00	3.00	1.00	1.00	3.00	4.00	4.00	3.00	4.00	4.00	2.(

II SPSS를 활용한 기초 통계 분석

1. 빈도 분석

Q 빈도 분석은 인과관계 연구에서 꼭 해야 하는 분석 방법인가요?

A 그렇습니다.

빈도 분석이란 빈도(Frequency)를 분석하는 것이다. 즉 측정하고자 하는 문항이 얼마나 반복되는지 그 횟수를 계산하는 것이다. 설문조사를 기반한 모든 논문에서는 빈도 분석이 제시되어야 한다. 논문에서 제시되는 빈도 분석 내용는 주로 설문지에 구성된 설문 응답자들의 일반 현황에 대한 내용이다. 즉 연구 대상자를 편중되게 조사했다면 해당 연구의 결과를 일반화하기에 무리가 있다. 따라서 빈도 분석을 실시하여 제시하는 이유는 연구 결과를 일반화하는데 문제가 없다는 것을 강조하기 위함이다.

Tip 빈도 분석을 실시하기 전 분석 편의를 위해 '변수 보기'로 이동하여 '값'의 내용을 변경하면, 분석 결과를 정리하는 데 편리하다.

1	귀하의 성별은?	①남성	②여성			
2	귀하의 직급은?	①대리 이하	②과장급	③차장/부장	④임원 이상	
3	귀하의 직군은?	①관리직군	②영업직군	③운영직군		
4	귀사의 종업원 수는?	①100명 미만	②100~300명 미만	③300명이상		
5	귀사의 연 매출액 수준은?	①1천억 미만	②3천억 미만	③5천억 미만	④1조 미만	⑤1조 이상

① '변수 보기' 화면에서 설문조사에서 사용한 문항 번호에 맞춰 값을 변경한다.

❶ 성별에 해당하는 칸에서 값을 클릭한다.

❷ 새로운 창이 생성되면서 기준값(A)과 설명(L)에 각각 '1'과 '남성'을 입력하고 '추가'를 선택한다. 기준값(A)과 설명(L)에 각각 '2'와 '여성'을 입력하고 '추가'를 생성한다.

❸ 확인을 클릭한다.

❹ 직급 값을 변경하기 위해 값을 클릭한다.

❺ 기준값과 설명에 각각 '1'과 '대리 이하'로 선택하고 '추가'를 클릭한다.

계속해서 기준값과 설명에 설문지의 해당 번호와 값을 입력하고 추가를 클릭한다.

❻ 확인을 클릭한다.

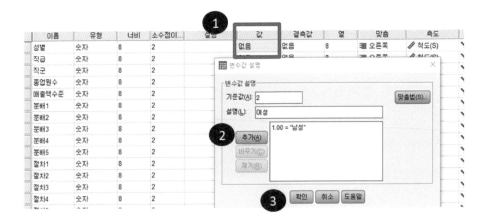

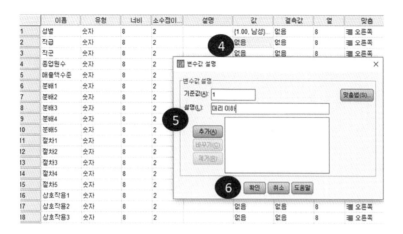

❼ 값이 변경된 것을 확인한다.

	이름	유형	너비	소수점이...	설명	값	결ᵜ
1	성별	숫자	8	2		{1.00, 남성}...	음
2	직급	숫자	8	2		{1.00, 대리이하}...	음
3	직군	숫자	8	2	❼	{1.00, 관리직}...	음
4	종업원수	숫자	8	2		{1.00, 100명 미만}...	음
5	매출액수준	숫자	8	2		{1.00, 1천억 미만}...	음

② 빈도 분석을 실시한다.

❶ 분석(A) – ❷ 기술통계량(E) – ❸ 빈도 분석(F)을 클릭한다.

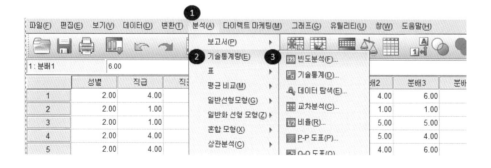

❹ 빈도 분석에 해당하는 내용을 선택한 후 우측으로 이동시킨다.

❺ 모두 이동된 후에 확인을 클릭하면 결과값이 제시된다.

❻ 빈도 분석 결과를 확인한다.

➡ 빈도분석

❻ [데이터집합1] Z:₩1. 강의준비자료_활성₩★BK 21₩통계샘플₩기초분석₩★

통계량

		성별	직급	직군	종업원수	매출액수준
N	유효	266	266	266	266	266
	결측	0	0	0	0	0

빈도표

성별

		빈도	퍼센트	유효 퍼센트	누적퍼센트
유효	남성	152	57.1	57.1	57.1
	여성	114	42.9	42.9	100.0
	합계	266	100.0	100.0	

직급

		빈도	퍼센트	유효 퍼센트	누적퍼센트
유효	1.00	59	22.2	22.2	22.2
	2.00	68	25.6	25.6	47.7
	3.00	86	32.3	32.3	80.1
	4.00	53	19.9	19.9	100.0
	합계	266	100.0	100.0	

직군

		빈도	퍼센트	유효 퍼센트	누적퍼센트
유효	1.00	92	34.6	34.6	34.6
	2.00	138	51.9	51.9	86.5
	3.00	36	13.5	13.5	100.0
	합계	266	100.0	100.0	

종업원수

		빈도	퍼센트	유효 퍼센트	누적퍼센트
유효	1.00	106	39.8	39.8	39.8
	2.00	117	44.0	44.0	83.8
	3.00	43	16.2	16.2	100.0
	합계	266	100.0	100.0	

③ 빈도 분석 결과표를 논문에 사용하기 위해 표로 편집한다.

구분	세부	N(286)	퍼센트
성별	남성	152	57.1
	여성	114	42.9
직급	대리 이하	59	22.2
	과장급	68	25.6
	차부장급	86	32.3
	임원 이상	53	19.9
직군	관리직	92	34.6
	영업직	138	51.9
	운영직	36	13.5
종업원수	100명 미만	106	39.8
	100명~300명	117	44.0
	300명 이상	43	16.2
매출액 수준	1천 억 미만	50	18.8
	3천 억 미만	85	32.0
	5천 억 미만	66	24.8
	1조 미만	32	12.0
	1조 이상	33	12.4

④ 결과표를 해석하여 작성한다.

분석 대상인 286명 응답자의 인구통계학적 특성을 살펴보면 다음과 같다. 성별은 남성 152명(57.1%), 여성 114명(42.9%)의 분포를 보였다. 직급은 대리이하 59명(22.2%), 과장급 68명(25.6%), 차부장급 86명(32.3%), 임원 이상 53명(19.9%)로 분석되었다. 직군은 관리직 92명(34.6%), 영업직 138명(51.9%), 운영직 36명(13.5%)로 나타났다. 응답자가 근무하는 기업의 종업원 수는 100명 미만 106명(39.8%), 100명 이상~300명 미만 117명(44.0%), 300명 이상 43명(16.2%)임을 알 수 있었다. 마지막으로 매출액 수준은 1천억 미만 50명(18.8%), 3천억 미만 85명(32.0%), 5천억 미만 66명(24.8%), 1조 미만 32명(12%), 1조 이상 33명(12.4)임을 알 수 있었다. 전반적으로 분석을 위한 표본이 고른 분포를 보임을 확인하였다. 이처럼 인구통계학적 특성별로 표본의 추출이 고르게 되었으므로 본 연구의 결과를 일반화하는데 무리가 없다고 판단하였다.

Tip 빈도 분석 응답의 합계가 100%가 안 되어도 문제가 있는 것은 아니다. 통계 분석의 결과는 SPSS를 통해 산출되기 때문에 반올림 여부에 따라 100%이 안 되는 경우가 있다. 만약 이 부분이 마음에 걸린다면 소수점 끝자리를 조정하여 100%로 맞추면 된다.

Tip 퍼센트(%)의 소수점 자리는 통일하면 된다. 심사과정에서 심사위원 교수의 지적 중에 소수점을 전체적으로 한 자리, 두 자리, 또는 세 자리로 통일하라는 의견이 있기도하다. 그럴 경우에는 소수점 자리를 모두 통일하면 된다. 이는 빈도 분석뿐 아니라 다른 분석에서도 마찬가지로 적용할 수 있다.

2. 기술통계 분석

Q 기술통계 분석은 인과관계 연구에서 꼭 해야 하는 분석 방법인가요?

A 아닙니다. 인과관계 분석에서 기술통계 분석은 선택적으로 사용됩니다. 분석하는 경우도 있고 그렇지 않은 경우도 있습니다.

기술통계 분석은 측정한 데이터에 대한 전체 평균과 표준편차를 확인하는 것이다. 기술통계 분석으로 정규분포 여부와 왜도 및 첨도를 확인할 수 있다.

Tip 기술통계 분석을 실시하기 전, 측정 문항에 역문항이 있는지 확인한다. 역문항이 있을 경우에는 역문항을 정문항으로 변경한 후 분석을 진행해야 한다. 기술통계 분석을 실시하지 않는다고 해도 역문항은 모두 정문항으로 변경해야 한다.

Tip 기술통계 분석을 실행한다고 해도 반드시 첨도와 왜도를 제시하지는 않는다.

① 역문항을 확인한다.

❶ 역문항은 설문 문항의 구성에서 표시된다. 선행연구에서 설문 문항을 확인할 경우에도 역문항은 별도로 표시된다. 예시에서 '의미 발견'의 9번 문항에 * 표시가 있는데, 이것이 바로 역문항이다.

❷ 실제 설문지의 9번 문항을 보더라도 다른 문항과 비교했을 때 반대되는 의미임을 알 수 있다. 따라서 이러한 역문항은 정문항으로 변경해야 한다.

<표 4> 삶의 의미 척도의 하위요인 및 내적합치도

하위요인	문항번호	문항수
의미추구	2, 3, 7, 8, 10	5
의미발견	1, 4, 5, 6, 9*	5
전체		10

* 역문항

■ [3. 삶의 의미]
다음 문항을 읽으면서 선생님께 해당한다고 생각되는 곳에 √표시해 주시기 바랍니다.

번호	문항내용	전혀 그렇지 않다	그렇지 않다	약간 그렇지 않다	보통 이다	약간 그렇다	그렇다	매우 그렇다
1	나는 내 삶의 의미를 이해하고 있다.	①	②	③	④	⑤	⑥	⑦
2	나는 내 삶을 의미 있게 만드는 무언가를 찾고 있다.	①	②	③	④	⑤	⑥	⑦
3	나는 항상 내 삶의 목적을 찾기 위해 노력하고 있다.	①	②	③	④	⑤	⑥	⑦
4	나는 분명한 삶의 목적의식을 가지고 있다.	①	②	③	④	⑤	⑥	⑦
5	나는 내 삶을 의미 있게 해주는 것이 무엇인지 잘 알고 있다.	①	②	③	④	⑤	⑥	⑦
6	나는 만족할만한 삶의 목적을 발견하였다.	①	②	③	④	⑤	⑥	⑦
7	나는 내 삶의 중요성을 느끼도록 해주는 것들을 늘 찾고 있다.	①	②	③	④	⑤	⑥	⑦
8	나는 내 삶의 목적 혹은 소명을 찾고 있다.	①	②	③	④	⑤	⑥	⑦
9	내 삶에는 뚜렷한 목적이 없다.	①	②	③	④	⑤	⑥	⑦
10	나는 내 삶의 의미를 찾고 있다.	①	②	③	④	⑤	⑥	⑦

Tip 역문항을 정문항으로 변경하지 않는다면 계산된 평균 의미가 왜곡될 수 있다.

② SPSS 프로그램로 역문항을 정문항으로 변경한다.

❸ 변환(T) - ❹ 같은 변수로 코딩 변경(S) 클릭

❺ 해당 역문항을 숫자 변수(Y) 부분으로 이동시킨다.

❻ 기존 값 및 새로운 값(O)을 클릭한다.

❼ 기존 값(Y)과 새로운 값(A)에 숫자를 각각 입력하고

❽ 추가(A)를 클릭한 후

❾ 계속을 클릭한다. 기존 값이 변경된 것을 확인하면, 입력한 값으로 변경된 것을 확인할
수 있다.

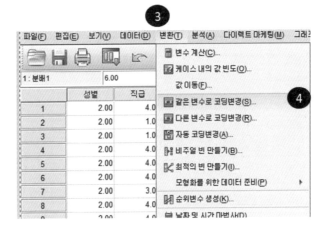

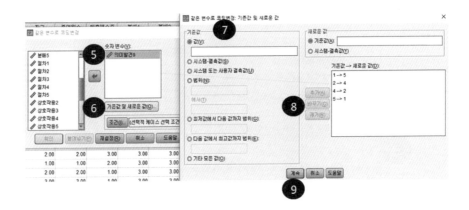

③ 기술 통계 분석을 실시한다.

❶ 분석(A) – 기술통계량(E) – 기술통계(D) 클릭한다.

❷ 각 변수별 세부 측정문항 값을 선택 후 이동한다.

❸ 옵션(O)을 클릭한다.

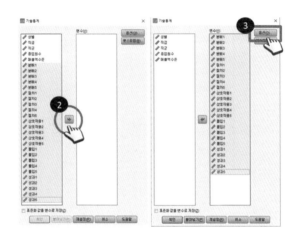

❹ 첨도, 왜도를 포함하여 세부항목을 체크한 후

❺ 계속 클릭하고

❻ 확인 클릭한다.

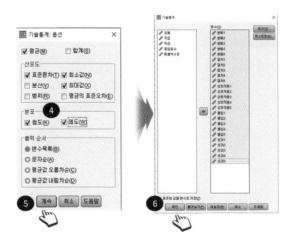

④ 기술통계 분석 결과를 확인한다.

	N	최소값	최대값	평균	표준편차	왜도		첨도	
	통계량	통계량	통계량	통계량	통계량	통계량	표준오차	통계량	표준오차
분배1	266	1.00	7.00	4.0038	1.41554	.194	.149	-1.015	.298
분배2	266	1.00	7.00	4.2632	1.36752	.318	.149	-.401	.298
분배3	266	1.00	7.00	4.2368	1.48969	.154	.149	-.729	.298
분배4	266	1.00	7.00	4.3571	1.36958	.196	.149	-.145	.298
분배5	266	1.00	7.00	4.3158	1.28191	.128	.149	-.477	.298
절차1	266	1.00	7.00	4.0940	1.30983	.018	.149	-.536	.298
절차2	266	1.00	7.00	4.3872	1.33899	-.137	.149	-.398	.298
절차3	266	2.00	7.00	4.3797	1.37175	.289	.149	-.804	.298
절차4	266	1.00	7.00	4.3346	1.24570	.252	.149	-.031	.298
절차5	266	1.00	7.00	4.3421	1.23757	-.169	.149	.124	.298
상호작용1	266	1.00	7.00	3.9887	1.25438	-.002	.149	-.252	.298
상호작용2	266	1.00	7.00	4.1053	1.16401	.039	.149	.059	.298
상호작용3	266	1.00	7.00	4.0789	1.26691	-.127	.149	-.013	.298
상호작용4	266	1.00	7.00	4.3459	1.34611	.088	.149	-.465	.298
상호작용5	266	1.00	7.00	4.3158	1.39199	.157	.149	-.487	.298
몰입1	266	1.00	7.00	4.1842	1.09884	-.027	.149	.351	.298
몰입2	266	1.00	7.00	4.3271	1.18249	-.216	.149	-.016	.298
몰입3	266	1.00	7.00	4.0602	1.24543	-.044	.149	-.646	.298
몰입4	266	1.00	7.00	4.3835	1.17021	.255	.149	-.031	.298
몰입5	266	1.00	7.00	4.5639	1.17427	-.042	.149	-.366	.298
성과1	266	1.00	7.00	4.2068	1.19690	.113	.149	-.509	.298
성과2	266	1.00	7.00	4.2932	1.21178	-.259	.149	-.064	.298
성과3	266	2.00	7.00	4.2444	1.10422	-.039	.149	-.397	.298
성과4	266	1.00	7.00	4.2594	1.24249	.055	.149	-.191	.298
성과5	266	1.00	7.00	4.4098	1.24436	.001	.149	-.102	.298
유효수 (목록별)	266								

⑤ 기술통계 분석 결과를 확인한다. 결과표를 논문에 사용하기 위한 표로 편집한다.

요인	세부문항	최소값	최대값	평균	표준편차	왜도	첨도
분배 공정성	분배1	1.00	7.00	4.00	1.42	.194	-1.015
	분배2	1.00	7.00	4.26	1.37	.318	-.401
	분배3	1.00	7.00	4.24	1.49	.154	-.729
	분배4	1.00	7.00	4.36	1.37	.196	-.145
	분배5	1.00	7.00	4.32	1.28	.128	-.477
절차 공정성	절차1	1.00	7.00	4.09	1.31	.018	-.536
	절차2	1.00	7.00	4.39	1.34	-.137	-.398
	절차3	2.00	7.00	4.38	1.37	.289	-.804
	절차4	1.00	7.00	4.33	1.25	.252	-.031
	절차5	1.00	7.00	4.34	1.24	-.169	.124

상호작용 공정성	상호작용1	1.00	7.00	3.99	1.25	-.002	-.252
	상호작용2	1.00	7.00	4.11	1.16	.039	.059
	상호작용3	1.00	7.00	4.08	1.27	-.127	-.013
	상호작용4	1.00	7.00	4.35	1.35	.088	-.465
	상호작용5	1.00	7.00	4.32	1.39	.157	-.487
몰입	몰입1	1.00	7.00	4.18	1.10	-.027	.351
	몰입2	1.00	7.00	4.33	1.18	-.216	-.016
	몰입3	1.00	7.00	4.06	1.25	-.044	-.646
	몰입4	1.00	7.00	4.38	1.17	.255	-.031
	몰입5	1.00	7.00	4.56	1.17	-.042	-.366
SCM 성과	성과1	1.00	7.00	4.21	1.20	113	-.509
	성과2	1.00	7.00	4.29	1.21	-.259	-.064
	성과3	2.00	7.00	4.24	1.10	-.039	-.397
	성과4	1.00	7.00	4.26	1.24	.055	-.191
	성과5	1.00	7.00	4.41	1.24	.001	-.102

⑥ 결과표를 해석하여 작성한다.

측정 변수(분배 공정성, 절차 공정성, 상호작용 공정성, 몰입, SCM성과)에 대하여 평균 및 표준편차, 첨도, 왜도를 확인하기 위해 기술통계 분석을 하였다. 공정성의 하위요인 중에서 평균이 가장 낮은 것은 상호작용1(M=3.99)로 나타났고, 가장 높은 것은 절차2(M=4.39)로 확인되었다. 그리고 몰입은 몰입3이 최소(M=4.06), 최대는 몰입5(M=4.56)가 확인되었다. 마지막으로 SCM성과에서는 최소가 성과1(M=4.21), 최대는 성과5(M=4.41)으로 확인되었다.

다음으로 연구 결과가 정규분포를 따르는지 확인하기 위해 첨도와 왜도를 확인하였다. 일반적으로 왜도의 절댓값이 2를 넘지 않았을 경우 정규성에서 벗어나지 않는 것으로 볼 수 있다. 첨도는 절댓값을 기준으로 7을 넘지 않을 경우 정규분포 조건이 충족될 수 있다. 이러한 기준에 따라 응답 결과의 데이터는 정규분포를 따르는 것으로 확인되었다.

3. 신뢰도 분석

Q 신뢰도 분석은 인과관계 연구에서 필수로 해야 하는 분석 방법인가요?

A 그렇습니다. 인과관계 분석에서 신뢰도 분석은 필수로 해야 하는 분석 방법입니다.

신뢰도 분석은 측정문항에 대한 신뢰성을 확인하기 위한 방법이다. 즉 신뢰도 분석이란, 측정문항을 얼마나 믿고 신뢰해서 사용할 수 있는가를 확인하기 위한 것이다. 설문조사에서 얻어진 데이터에 대해서는 반드시 신뢰도 검사를 거쳐야 한다. 비록 타당도의 경우, 이미 선행연구에서 측정 도구의 타당도가 확인되었으므로 생략할 수 있지만, 신뢰도는 반드시 다시 확인해야 하는 점이 탐색적 요인 분석 신뢰도와의 차이이다.

신뢰도 분석에도 신뢰도가 '있다', '없다'에 대한 기준이 있다. 그것은 '크론바흐 알파 계수 (Cronbach alpha coefficient)를 기준으로 판단한다. 크론바흐 알파 계수는 0~1 사이의 값을 가진다. 값이 높을수록 신뢰도가 높다고 판단한다. 보통 사회과학에서는 0.6 이상이면 신뢰도에 문제가 없는 것으로 간주한다. 하지만 학과 교수의 스타일에 따라 0.7 이상을 기준으로 적용하는 것을 요구하기도 한다.

① 신뢰도 분석을 실시한다.

❶ 분석(A) – 척도(A) – 신뢰도 분석(R)을 선택한다.

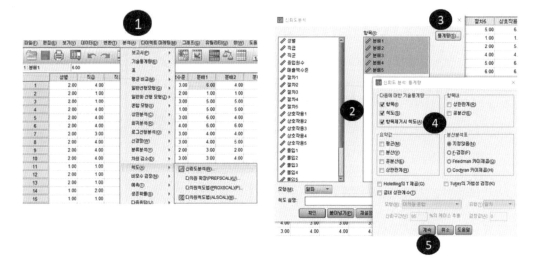

❷ 변수별로 투입을 한다.

❸ 통계량(S) 클릭

❹ 해당 표시와 같이 선택

❺ 계속 선택

② 신뢰도 분석 결과를 확인한다.

Scale: 모든 변수

케이스 처리 요약

		N	%
케이스	유효	266	100.0
	제외됨ª	0	.0
	합계	266	100.0

a. 목록별 삭제는 프로시저의 모든
변수를 기준으로 합니다.

신뢰도 통계량

Cronbach의 알파	항목 수
.933	5

항목 통계량

	평균	표준편차	N
분배1	4.0038	1.41554	266
분배2	4.2632	1.36752	266
분배3	4.2368	1.48969	266
분배4	4.3571	1.36958	266
분배5	4.3158	1.28191	266

항목 총계 통계량

	항목이 삭제된 경우 척도 평균	항목이 삭제된 경우 척도 분산	수정된 항목-전체 상관관계	항목이 삭제된 경우 Cronbach 알파
분배1	17.1729	24.325	.832	.916
분배2	16.9135	24.955	.814	.920
분배3	16.9398	23.559	.842	.915
분배4	16.8195	24.737	.832	.916
분배5	16.8609	25.886	.799	.923

척도 통계량

평균	분산	표준편차	항목 수
21.1767	37.950	6.16034	5

③ 계속해서 다른 변수들도 동일한 방식대로 분석한다.

④ 결과표를 논문에 사용하기 위해 표로 편집한다.

변수	요인	Cronbach의 알파
독립변수	분배 공정성	.933
	절차 공정성	.935
	상호작용 공정성	.920
매개변수	몰입	.918
종속변수	SCM 성과	.910

⑤ 결과표를 해석하여 작성한다.

신뢰도를 확인하기 위해 사회과학 통계에서 가장 널리 사용하는 크론바흐 알파(Cronbach's α) 계수를 확인하였다. 일반적으로 사회과학 연구에서는 크론바흐 알파(Cronbach's α) 계수가 0.6이상이면 비교적 신뢰성이 있다고 볼 수 있다. 따라서 본 연구에서도 0.6 기준으로 평가를 실시하였다. 그 결과 분배 공정성(.933), 절차 공정성(.935), 상호작용 공정성(.920), 몰입(.918), SCM성과(.910)으로 모두 기준치를 상회한 것으로 나타났다. 그러므로 측정 항목이 신뢰할 수 있는 수준에서 측정되었다고 할 수 있다.

4. 탐색적 요인 분석

Q 탐색적 요인분석은 인과관계 연구에서 필수로 해야 하는 분석 방법인가요?

A 아닙니다. 인과관계 분석에서 탐색적 요인분석은 선택적으로 사용됩니다. 연구자마다 분석하는 경우도, 그렇지 않은 경우도 있습니다.

설문조사에서는 여러 가지 요인을 동시에 측정한다. 연구자가 최초로 설계한 의도와 동일하게 측정 요인이 적용되었는지 확인할 필요가 있다. 이를 위해 탐색적 요인분석을 실시하는 것이며, 탐색적 요인분석으로 부적절한 응답 문항은 제거할 수 있다.

즉 탐색적 요인분석은 타당성을 확인하는 과정이다. 따라서 타당하지 못한 항목은 제거해야 한다. 타당한지의 여부는 정해진 기준에 의거해서 판단한다.

탐색적 요인분석을 통한 타당도 판단 기준 여섯 가지

기준	판단 지수	설명	기준치
1	공통성 (communality)	각 변수를 설명하는 요인에 대한 개념의 설명력을 나타냄	0.4~0.5 이상
2	KMO(kaiser-meyer-olkin)	구체적으로 표본의 적합도를 나타냄	0.5~0.7 이상
3	구형성 검정 (Bartlett's test of sphericity)	변수 간의 독립적 관계를 제시	$p < 0.05$
4	고윳값(eigenvalue)	하나의 요인에 대한 변수들의 분산 총합	1 이상
5	총 설명력 (variance explained)	하나의 요인으로 설명될 수 있는 분산 비율	60% 이상
6	요인 적재값 (factor loading)	해당 요인에 의해 변수를 어느 정도 설명하는 요인과 변수 간의 상관계수를 표시	0.3~0.5 이상
제시된 기준치는 여러 학위논문과 논문통계분석 저서에서 제시하고 있는 내용을 요약하여 제시한 것임.			

① 탐색적 요인분석을 실시한다.

❶ 분석(A) – 차원 감소(D) – 요인분석(F) 선택

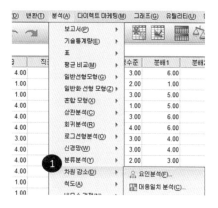

❷ 측정변수를 투입

Tip 측정변수는 모든 문항에 일시에 투입할 수 있고, 변수별로 투입할 수 있다. 이는 연구자의 선택에 달렸다. 만약 측정문항의 수가 많다고 할 경우 독립변수, 매개변수, 종속변수로 구분해서 투입할 수 있다. 하지만 투입 방식에 따라서 결과는 약간 차이가 난다. 그렇지만 반드시 일괄 투입해야 하거나 건별 투입해야 한다는 규칙은 없다. 따라서 연구자가 판단하여 투입과 분석을 하면 된다.

③ 기술통계(D) 선택

④ 그림과 같이 선택 후 '계속' 선택

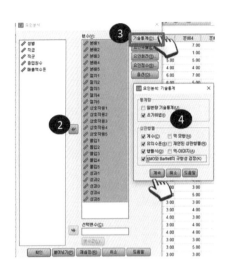
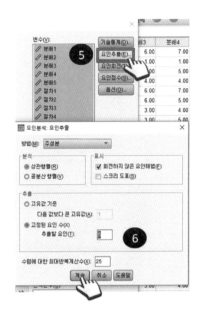

⑤ 요인추출(E) 선택

⑥ 고정된 요인 수 – 투입된 요인의 숫자만큼 입력 후 〈계속〉을 선택한다.

Tip 현재 다섯 가지 요인(분배, 절차, 상호작용, 신뢰, SCM성과)이 투입되었으므로 5를 입력한다. 그리고 결과에서 다섯 개 요인으로 분류되어 결과값이 제시된다.

Tip '고정된 요인 수'를 선택하지 않고 '고윳값 기준'을 선택할 수도 있다. 타당화가 되지 않은, 즉 선행연구에서 충분하게 타당화가 확인되지 않은 요인들을 사용할 경우에는 연구자가 새롭게 요인을 재구성하고 확정할 필요가 있다. 이럴 경우에는 '고윳값 기준'을 선택한다. 하지만 많은 연구에서 진행하는 인과관계의 경우에는 이미 선행 연구자들이 사용한 측정 도구를 사용하였기 때문에 '고정된 요인 수'를 선택하고 투입된 요인 수 만큼을 입력한다.

⑦ 요인회전(T)을 선택한다.

⑧ 그림과 같이 선택한 후 〈계속〉을 클릭한다.

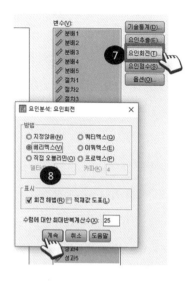
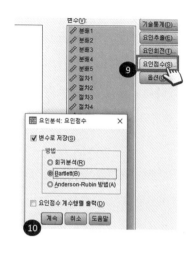

⑨ 요인점수(S) 선택한다.

⑩ 그림과 같이 선택한 후 계속 클릭하면 분석이 이루어진다.

② 탐색적 요인분석 결과를 확인한다.

❶ KMO가 0.6~0.7 이상인지 확인한다.

❷ 유의확률이 0.05 이하인지 확인한다.

❸ 공통성이 0.4~ 0.5 이상인지 확인한다.

Tip 만약 공통성이 0.4~0.5 되지 않는 측정문항이 있다면, 해당 문항을 제거한다. 그리고 탐색적 요인분석을 위와 동일한 방식으로 다시 진행하여 결과를 확인한다.

❹ 합계에 제시된 값이 1 이상인지 확인한다. 이 숫자가 아이겐 값이다.

❺ % 누적의 맨 마지막 값이 60을 넘는지 확인한다. 현재 값은 78.488이며, 총 설명력이 78.488%라는 것을 의미한다.

❻ 회전된 성분 행렬의 값을 확인한다. 다섯 개로 추출된 값을 확인한다. 그리고 각 요인별로 요인적재치가 0.4 이상인지 확인한다.

Tip 다섯 개 요인으로 고정하여 분석했기 때문에 회전된 성분 행렬은 다섯 가지다. 그리고 각 측정문항별로 가장 높은 수치가 있는 곳을 확인한다. 예를 들어 분배공정성의 5개 문항은 모두 성분4의 요인적재치 값이 가장 높다. 모두 0.4 이상이다. 따라서 분배공정성은 모두 동일한 요인으로 구성되었다고 해석할 수 있다.

Tip 만약 회전된 성분행렬에서 동일한 요인의 값이 한곳에 집중되지 않고 분산된다면, 집중되지 않은 측정문항은 제거해야 한다. 즉 타당성이 확보되지 않은 문항이라고 이해하면 된다.

KMO와 Bartlett의 검정 ①

표준형성 적절성의 Kaiser-Meyer-Olkin 측도		.953
Bartlett의 구형성 검정	근사 카이제곱	6718.104
	자유도	300
	유의확률	.000 ②

공통성 ③

	초기	추출
분배1	1.000	.823
분배2	1.000	.814
분배3	1.000	.820
분배4	1.000	.785
분배5	1.000	.754
절차1	1.000	.880
절차2	1.000	.887
절차3	1.000	.790
절차4	1.000	.702
절차5	1.000	.797
상호작용1	1.000	.765
상호작용2	1.000	.771
상호작용3	1.000	.761
상호작용4	1.000	.754
상호작용5	1.000	.778
몰입1	1.000	.791
몰입2	1.000	.777
몰입3	1.000	.833
몰입4	1.000	.857
몰입5	1.000	.708
성과1	1.000	.768
성과2	1.000	.772
성과3	1.000	.779
성과4	1.000	.706
성과5	1.000	.752

추출 방법: 주성분 분석.

설명된 총분산 ④ ⑤

성분	초기 고유값			추출 제곱합 적재값			회전 제곱합 적재값		
	합계	%분산	%누적	합계	%분산	%누적	합계	%분산	%누적
1	15.286	61.144	61.144	15.286	61.144	61.144	4.513	18.052	18.052
2	1.749	6.997	68.140	1.749	6.997	68.140	4.392	17.568	35.618
3	1.005	4.022	72.162	1.005	4.022	72.162	4.109	16.434	52.053
4	.811	3.246	75.408	.811	3.246	75.408	3.977	15.906	67.958
5	.770	3.080	78.488	.770	3.080	78.488	2.632	10.530	78.488
6	.611	2.445	80.933						
7	.498	1.994	82.927						
8	.411	1.645	84.572						
9	.399	1.598	86.170						
10	.378	1.513	87.682						
11	.336	1.343	89.025						
12	.327	1.307	90.332						
13	.302	1.206	91.539						
14	.298	1.192	92.731						
15	.252	1.009	93.739						
16	.229	.917	94.657						
17	.222	.887	95.544						
18	.209	.838	96.382						
19	.186	.746	97.128						
20	.162	.648	97.775						
21	.140	.561	98.336						
22	.129	.517	98.854						
23	.109	.434	99.288						
24	.096	.386	99.674						
25	.082	.326	100.000						

회전된 성분행렬[a] ⑥

	성분				
	1	2	3	4	5
분배1	.214	.197	.363	.746	.226
분배2	.215	.289	.388	.725	.084
분배3	.201	.343	.257	.740	.221
분배4	.208	.444	.348	.601	.250
분배5	.302	.432	.336	.574	.185
절차1	.104	.195	.762	.439	.241
절차2	.280	.216	.785	.281	.259
절차3	.253	.274	.724	.310	.175
절차4	.213	.359	.610	.358	.165
절차5	.354	.364	.687	.197	.170
상호작용1	.196	.738	.240	.308	.173
상호작용2	.346	.709	.192	.229	.242
상호작용3	.263	.670	.287	.313	.250
상호작용4	.363	.619	.232	.412	.127
상호작용5	.372	.605	.384	.355	-.004
몰입1	.377	.478	.330	.308	.464
몰입2	.251	.621	.324	.130	.454
몰입3	.386	.300	.272	.209	.691
몰입4	.360	.173	.229	.183	.782
몰입5	.423	.277	.213	.363	.525
성과1	.704	.173	.241	.345	.257
성과2	.740	.162	.160	.273	.313
성과3	.774	.228	.177	.239	.197
성과4	.753	.264	.186	.084	.167
성과5	.744	.337	.222	.051	.182

요인추출 방법: 주성분 분석.
회전 방법: Kaiser 정규화가 있는 베리맥스.

③ 결과표를 논문에 사용하기 위한 표로 편집한다.

요인	측정문항	공통성	성분				
			1	2	3	4	5
분배공정성	분배1	.823	.214	.197	.363	.746	.226
	분배2	.814	.215	.289	.388	.725	.084
	분배3	.820	.201	.343	.257	.740	.221
	분배4	.785	.208	.444	.348	.601	.250
	분배5	.754	.302	.432	.336	.574	.185
절차공정성	절차1	.880	.104	.195	.762	.439	.241
	절차2	.887	.280	.216	.785	.281	.259
	절차3	.790	.253	.274	.724	.310	.175
	절차4	.702	.213	.359	.610	.358	.165
	절차5	.797	.354	.364	.687	.197	.170
상호작용공정성	상호작용1	.765	.196	.738	.240	.308	.173
	상호작용2	.771	.346	.709	.192	.229	.242
	상호작용3	.761	.263	.670	.287	.313	.250
	상호작용4	.754	.363	.619	.232	.412	.127
	상호작용5	.778	.372	.605	.384	.355	-.004
몰입	몰입1	.791	.377	.478	.330	.308	.464
	몰입2	.777	.251	.621	.324	.130	.454
	몰입3	.833	.386	.300	.272	.209	.691
	몰입4	.857	.360	.173	.229	.183	.782
	몰입5	.708	.423	.277	.213	.363	.525
SCM성과	성과1	.768	.704	.173	.241	.345	.257
	성과2	.772	.740	.162	.160	.273	.313
	성과3	.779	.774	.228	.177	.239	.197
	성과4	.706	.753	.264	.186	.084	.167
	성과5	.752	.744	.337	.222	.051	.182
아이겐 값		4.513	4.392	4.109	3.977	2.632	
총 설명력(%)		18.052	35.619	52.053	67.959	78.488	
KMO(.953), 유의확률(.000)							

④ 결과표를 해석하여 작성한다.

본 연구에서는 선행연구에 기반하여 설문 문항을 추출하였기 때문에 탐색적 요인을 실시를 하지 않아도 무방하겠으나, 연구 내용의 독창성과 응답과정에서 특이성으로 인해 선행연구와 차이가 발생할 수도 있다고 판단하여 탐색적 요인분석을 실시하였다. 그리고 부적합한 측정 문항을 사전에 제고함으로써 측정 도구의 타당성을 확보하고자 하였다. 모든 측정변수는 구성요인을 추출하기 위하여 주성분 분석(Principle component analysis)을 사용하였으며, 요인적재치의 단순화를 위하여 직교회전방식(Varimax)를 채택하였다.

탐색적 요인분석을 실시하기 전에 추출된 요인들에 의해서 각 변수가 얼마나 설명되는지를 나타내는 ①공통성(Communality)을 측정하였다. 분석결과 전체 측정문항의 공통성은 0.4 이상임을 확인할 수 있었으며 이를 통해 공통성이 확보되었다고 판단하였다. 그리고 정성적 관점에서 일반적으로 ②KMO(Kaiser-Meyer-Olkin)와 ③Bartlett의 구형성 검정을 통해 표본의 적절성을 평가한 결과 KMO는 0.953이고 유의확률은 0.05이하로 주요 요인 분석을 수행하는데 문제가 없다고 판단하였고 전체 상관관계 행렬이 요인분석에 적합하다고 판단하였다.

다음으로 본 연구의 문항 선택기준은 ④고윳값(Eigan value)이 모두 1.0이상이었고 ⑤총 설명력은 78.488%로 기준을 충족하였다. 마지막으로 ⑥요인적재값을 확인한 결과 모든 요인의 요인적재치가 0.4이상임을 알 수 있었다. 이를 통해서 본 연구를 위해 수집한 데이터에 대한 타당성이 확보됨을 알 수 있었다.

5. 상관관계 분석

Q 상관관계 분석은 인과관계 연구에서 필수로 해야 하는 분석 방법인가요?

A 회귀분석을 할 경우에는 필수로 해야 합니다. 하지만 AMOS를 활용한 구조방정식을 분석한다면 선택적으로 분석합니다.

상관관계는 변수 간, 즉 서로 얼마나 관련성이 있는가를 따지는 것이다. 상관관계 분석을 실시하는 이유는, 첫째 연구에서 사용하고자 하는 변수들 간에 얼마나 관련성이 있는 연구모형으로 구성되었는지 확인하기 위함이다. 둘째, 너무 과도하고 높은 상관관계가 없는지 확인하기 위함이다.

Tip 상관관계 분석부터는 각 요인의 평균값을 사용한다. 신뢰도, 타당도에서 부적절한 문항은 제거한 후 나머지 문항의 평균을 사용한다. 일부 분야(간호학, 유아교육 등)에서는 요인의 합을 사용하기도 한다. 하지만 결과는 크게 차이가 나지 않는다.

① 상관관계 분석을 실시하기 전 각 변수의 평균을 구한다.

❶ 엑셀표에서 각 변수의 평균을 구한다.

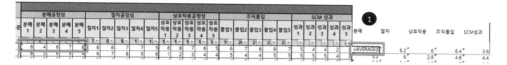

❷ 도출된 값을 SPSS 프로그램으로 복사하여 붙여넣기를 한다. 그 후 변수명을 입력 한다.

[엑셀 값을 SPSS 프로그램에 복사, 붙여넣기, 변수명을 변경하는 방법은 SPSS를 활용한 통계분석 준비(pp.38~40) 부분을 참고 바랍니다.]

② 상관관계 분석을 실시한다.

❶ 분석(A) – 상관분석(C) – 이변량 상관계수(B) 선택

❷ 평균값으로 계산된 변수를 투입한다.

③ 옵션(O)을 선택

④ 그림과 같이 선택

⑤ 계속 클릭하면 결과값이 제시된다.

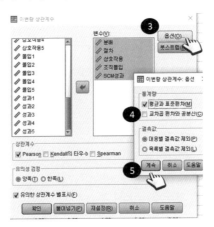

③ 결과표를 확인한다.

기술통계량

	평균	표준편차	N
분배	4.2427	1.21626	286
절차	4.3224	1.19460	286
상호작용	4.1594	1.12542	286
조직몰입	4.2909	1.01918	286
SCM성과	4.3119	1.03079	286

상관계수

		분배	절차	상호작용	조직몰입	SCM성과
분배	Pearson 상관계수	1	.790**	.801**	.742**	.648**
	유의확률 (양쪽)		.000	.000	.000	.000
	N	286	286	286	286	286
절차	Pearson 상관계수	.790**	1	.749**	.746**	.656**
	유의확률 (양쪽)	.000		.000	.000	.000
	N	286	286	286	286	286
상호작용	Pearson 상관계수	.801**	.749**	1	.782**	.694**
	유의확률 (양쪽)	.000	.000		.000	.000
	N	286	286	286	286	286
조직몰입	Pearson 상관계수	.742**	.746**	.782**	1	.775**
	유의확률 (양쪽)	.000	.000	.000		.000
	N	286	286	286	286	286
SCM성과	Pearson 상관계수	.648**	.656**	.694**	.775**	1
	유의확률 (양쪽)	.000	.000	.000	.000	
	N	286	286	286	286	286

**. 상관계수는 0.01 수준(양쪽)에서 유의합니다.

❻ 변수 간의 상관관계가 유의한지 살펴본다.

Tip 결과에서 '*'가 없다고 해서 문제가 있는 것은 아니다. 즉 변수와 변수 간의 관계가 유의하지 않다고 해서 잘못된 것은 아니다. 왜냐하면 상관관계 분석을 하는 단계는 변수간의 관계를 따져보는 것이다. 그리고 연구모형을 수립할 때 변수와 변수 간에 근거가 확보된 후 상관관계 분석이 이루어졌다면, 서로 유의하지 않다고 하더라도 크게 문제되지는 않는다. 하지만 너무 높은 상관관계(통상 0.8 이상을 이야기 함)일 경우 다중공선성이 의심된다고 한다. 다중공선성이란 '콩인지 메주인지 구분하기 어려울 정도로 비슷한 경우'를 표현하는 통계 용어이다. 따라서 상관관계 분석에서는 너무 높은 상관계수를 보일 경우에는 둘 중 하나의 변수를 제거할 것을 고려해야 한다.

Tip 현재 결과를 보면 절차와 상호작용과의 상관관계가 0.801로 매우 높으므로 다중공선성이 의심된다고 생각할 수 있다. 하지만 분배, 절차, 상호작용 모두 조직공정성의 구성요소이므로 내용이 비슷하여 상관관계가 높게 나온 것이다. 만약 조직공정성과 다른 변수, 즉 조직몰입과 SCM성과와 0.8 이상의 상관계수가 나타난다면 다중공선성을 의심할 수 있다.

④ 결과표를 논문에 사용하기 위해 표로 편집한다.

	분배	절차	상호작용	조직몰입	SCM성과
분배	1				
절차	.790**	1			
상호작용	.800**	.748**	1		
조직몰입	.742**	.746**	.781**	1	
SCM성과	.648**	.656**	.696**	.775**	1
평균	4.24	4.32	4.16	4.29	4.31
표준편차	1.22	1.19	1.12	1.02	1.03

⑤ 결과표를 해석하여 작성한다.

변수 간의 상관관계를 확인하기 위해 피어슨 상관관계 분석을 실시하였다. 상관관계 분석은 변수들 간의 관련성을 분석하기 위해 분석이 된다. 즉, 하나의 변수가 다른 변수와 어느정도 밀접한 관련성을 가지는지를 알아보기 위함이다. 그리고 상관관계 분석에서 가장 널리 사용되는 Pearson 상관관계 분석을 실시하였다. 상관관계는 최대 1부터 최소 −1까지이다.

분석 결과 분배공정성을 중심으로 절차공정성(r=.790, p<.01), 상호작용 공정성(r=.800 p<.01), 조직몰입(r=.742, p<.01), SCM성과(r=.648, p<.01)와 유의한 정(+)의 상관관계를 나타냄을 확인할 수 있었다. 그리고 절차공정성을 중심으로 상호작용 공정성(r=.748 p<.01), 조직몰입(r=.746, p<.01), SCM성과(r=.656, p<.01)와 유의한 정(+)의 상관관계를 나타냄을 확인할 수 있었다. 상호작용 공정성을 중심으로 조직몰입(r=.781, p<.01), SCM성과(r=.696, p<.01)와 유의한 정(+)의 상관관계로 확인되었다. 마지막으로 조직몰입은 SCM성과(r=.775, p<.01)와 유의한 정(+)의 상관관계를 나타냄을 확인할 수 있었다.

6. 차이 분석

Q 차이 분석은 인과관계 연구에서 필수로 해야 하는 분석 방법인가요?

A 아닙니다. 연구자마다 선택적으로 분석 여부를 결정합니다.

차이 분석을 실시하는 이유는 측정하고자 하는 변수가 특정 집단의 특성에 따라서 평균의 차이가 발생하는지를 살펴봄으로써 분석을 더욱 다양하게 하기 위해 사용된다. 또 회귀분석을 사용할 경우, 통제변인을 결정하기 위해서도 사용된다. 집단에 따라서 종속변수에 차이가 발생하는 집단을 통제변인에 사용하기 위해서도 사용된다.

차이 분석은 두 개 집단 간의 평균차이를 분석하는 독립표본 t-test와 세 개 이상 집단의 평균차이를 분석하는 일원배치 분산분석(One way anova)으로 구분할 수 있다.

6-1. 독립표본 t-test

두 개의 독립적 표본 간에 변수에 대한 평균차이를 확인할 때 사용하는 분석 방법이다. 예를 들어 1학년 1반 중간고사 영어 성적과 1학년 2반의 중간고사 영어 성적 평균을 비교할 때 사용하는 방법이다.

① 독립표본 t-test를 실행한다.

❶ 분석(A) – 평균 비교(M) – 독립표본 T 검정(T) 선택

❷ 집단변수(G)에 성별을 투입

❸ 검정변수(T)에 평균 차이를 분석할 변수 투입

❹ 성별(??)을 클릭하면 집단정의(D)가 활성화한다. 집단정의를 클릭한다.

❺ 집단 정의에 집단 기호를 입력한다.

Tip 집단 정의에 입력할 숫자는 변수보기에 지정된 값이다.(남성 1, 여성 2)

❻ 계속 클릭

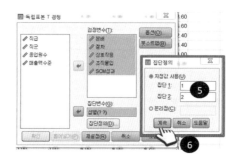

❼ 확인을 클릭하면 결과표가 제시된다.

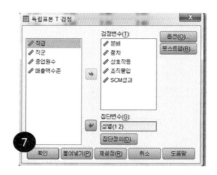

② 결과표를 확인한다.

❶ 각 변수에서 두 가지(등분산 가정됨, 등분산 가정되지 않음)를 확인할 수 있다.

❷ 유의확률이 0.05이상 '등분산이 가정됨'의 값을 사용한다. 반면 유의확률이 0.05 미만이면 '등분산이 가정되지 않음'의 값을 사용한다. 예를 들어 분배의 경우 유의확률이 .001이다. 즉 유의확률이 0.05보다 낮기 때문에 '등분산이 가정되지 않음'의 값을 사용하게 된다.

❸ 분석에서 t와 유의확률(양쪽)을 사용한다. 그리고 t의 부호가 양수(+)이면 위의 평균(남성)이 아래의 평균(여성)보다 높음을 의미한다. 반면 t의 부호가 음수(-)이면 아래의 평균(여성)이 위의 평균(남성)보다 높음을 의미한다.

유의확률이 0.05 미만 '등분산이 가정되지 않음' 값 확인
유의확률이 0.05 이상 '등분산이 가정됨' 값 확인

집단통계량

	성별	N	평균	표준편차	평균의 표준오차
분배	남성	152	4.5000	1.27139	.10312
	여성	114	3.8825	1.08630	.10174
절차	남성	152	4.5171	1.12937	.09160
	여성	114	4.0281	1.14254	.10701
상호작용	남성	152	4.3500	1.11207	.09020
	여성	114	3.9228	1.08620	.10173
조직몰입	남성	152	4.4211	.97849	.07937
	여성	114	4.1474	1.04756	.09811
SCM성과	남성	152	4.4421	1.01841	.08260
	여성	114	4.0702	1.01283	.09486

독립표본 검정

		Levene의 등분산 검정		평균의 동일성에 대한 t-검정					차이의 95% 신뢰구간	
		F	유의확률	t	자유도	유의확률 (양측)	평균차	차이의 표준오차	하한	상한
분배	등분산이 가정됨	12.308	.001	4.169	264	.000	.61754	.14814	.32585	.90924
	등분산이 가정되지 않음			4.263	259.491	.000	.61754	.14486	.33228	.90280
절차	등분산이 가정됨	.977	.324	3.478	264	.001	.48904	.14063	.21214	.76593
	등분산이 가정되지 않음			3.472	242.031	.001	.48904	.14086	.21156	.76651
상호작용	등분산이 가정됨	.859	.355	3.131	264	.002	.42719	.13642	.15858	.69580
	등분산이 가정되지 않음			3.142	246.500	.002	.42719	.13596	.15940	.69499
조직몰입	등분산이 가정됨	.034	.855	2.190	264	.029	.27368	.12497	.02762	.51975
	등분산이 가정되지 않음			2.169	234.219	.031	.27368	.12619	.02506	.52231
SCM성과	등분산이 가정됨	.647	.422	2.955	264	.003	.37193	.12588	.12407	.61979
	등분산이 가정되지 않음			2.957	244.248	.003	.37193	.12579	.12417	.61969

③ 결과표를 논문에 사용하기 위한 표로 편집한다.

변수	성별	N	평균	표준편차	t (p)
분배	남성	152	4.50	1.27	4.262***
	여성	114	3.88	1.09	
절차	남성	152	4.52	1.13	3.478**
	여성	114	4.03	1.14	
상호작용	남성	152	4.35	1.11	3.131**
	여성	114	3.92	1.09	
조직몰입	남성	152	4.42	.98	2.190*
	여성	114	4.15	1.05	
SCM성과	남성	152	4.44	1.02	2.955**
	여성	114	4.07	1.01	

* p<.05, ** p<.01, *** p<.001

④ 결과표를 해석하여 작성한다.

독립표본 t-test는 두 집단 간의 평균 차이를 확인하기 위한 방법이다. 독립표본 t-test의 분석 시 유의확률을 기준으로 0.05보다 큰 경우에는 등분산이 가정됨을 기준으로 분석하고, 0.05

보다 낮을 경우에는 등분산이 가정되지 않음으로 적용하였다. 또한 t값은 집단 간의 평균차이를 의미한다. 남성과 여성간 측정변인에 대한 평균 차이를 확인하기 위해 독립표본 t-test를 실시한 결과 분배($p<0.001$), 절차($p<0.01$), 상호작용($p<0.01$), 조직몰입($p<0.05$), SCM성과($p<0.01$) 모두 집단 간 평균 차이가 있는 것으로 확인되었다. 그리고 t값이 양수(+)임을 통해서 남성의 평균점수가 여성의 평균점수보다 높다는 것을 알 수 있었다.

6-2 일원배치 분산분석(One way anova)

세 개 이상의 독립적 표본 간에 변수에 대한 평균 차이를 확인할 때 사용하는 방법이다. 예를 들어 10대, 20대, 30대의 하루 평균 운동 시간 차이를 확인할 때 사용한다.

① 일원배치 분산분석을 실시하기 전, 변수값을 편집하면 분석이 조금 더 쉬워진다.

❶ 변수보기(V) 클릭

❷ 집단이 세 개 이상인 직급, 직군, 종업원 수, 매출액 수준에 대해 값을 편집해 준다.

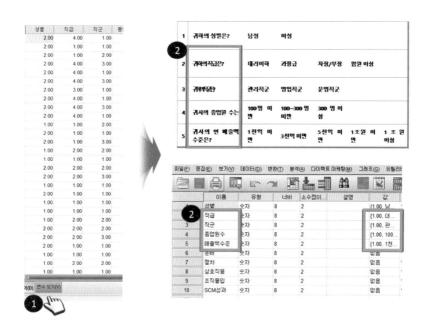

❸ 빈도 분석 과정에서 입력했던 값의 상태이다.

❹ 변경할 집단 선택 후 설명(L)의 집단 설명 뒤에 (a), (b), (c) 추가 작성

❺ 바꾸기 클릭

❻ 확인 클릭

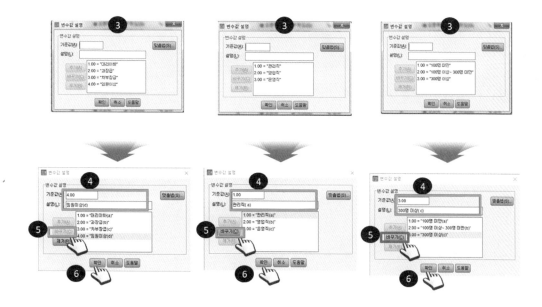

② 일원배치 분산분석을 실시한다.

❶ 분석(A)-평균 비교(M)-일원배치 분산분석(O) 선택

❷ 요인분석(F)에 직급 선택

❸ 종속변수(E)에 평균분석하기 위한 변수 투입

④ 대비(C) 클릭

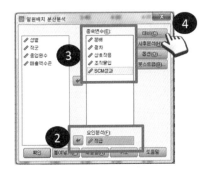

⑤ 다항식(P) 선택 후 계속 클릭

⑥ 사후분석(H) 클릭

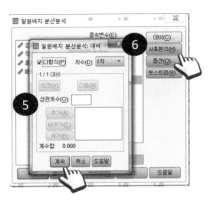

⑦ 등분산 가정함 → Scheffe 선택

  등분산 가정하지 않음 → Dunnett의 T3 선택

⑧ 계속 선택

⑨ 옵션(O) 클릭 → 기술통계(D), 분산동질성 검정(H) 선택 → 계속 클릭

⑩ 확인 클릭하면 결과값이 제시된다.

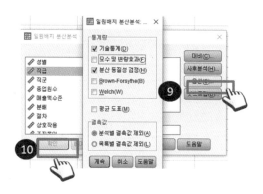

③ 제시된 결과값을 확인한다.

❶ 집단별 응답자 수, 평균, 표준편차를 확인한다.

❷ 각 요인별 집단 간 차이가 통계적으로 유의한지 확인한다. 유의확률 값이 0.05 이하이면 집단 간에 평균 차이가 있음을 의미한다.

❸ 사후분석(Scheffe)을 통해 평균 차이가 발생하는 집단을 확인한다.

기술통계

		N	평균	표준편차	표준오차	평균에 대한 95% 신뢰구간 하한값	평균에 대한 95% 신뢰구간 상한값	최소값	최대값
분배	대리이하(a)	59	3.5356	.83908	.10924	3.3169	3.7543	1.00	5.80
	과장급(b)	68	3.4000	.68328	.08286	3.2346	3.5654	2.00	5.40
	차부장급(c)	86	5.1209	1.18829	.12814	4.8662	5.3757	2.40	6.80
	임원이상(d)	53	4.6491	1.04947	.14416	4.3598	4.9383	1.80	6.60
	합계	266	4.2353	1.23207	.07554	4.0866	4.3841	1.00	6.80
절차	대리이하(a)	59	3.7424	.78261	.10189	3.5384	3.9463	1.40	5.40
	과장급(b)	68	3.5412	.80302	.09738	3.3468	3.7355	1.80	5.80
	차부장급(c)	86	4.9233	1.07863	.11631	4.6920	5.1545	1.60	6.40
	임원이상(d)	53	4.9208	1.13296	.15562	4.6085	5.2330	2.40	7.00
	합계	266	4.3075	1.15854	.07103	4.1677	4.4474	1.40	7.00
상호작용	대리이하(a)	59	3.6712	.79980	.10412	3.4628	3.8796	1.00	5.60
	과장급(b)	68	3.5824	.74812	.09072	3.4013	3.7634	1.60	5.60
	차부장급(c)	86	4.8535	1.09777	.11838	4.6181	5.0889	2.00	6.80
	임원이상(d)	53	4.2547	1.19912	.16471	4.9242	4.5852	1.40	6.80

분산분석

			제곱합	df	거짓	유의확률
분배	집단-간	(조합됨)	152.858	3	50.953	53.525	.000
	선형 항	가중되지 않음	73.467	1	73.467	77.175	.000
		가중됨	89.562	1	89.562	94.083	.000
		편차	63.296	2	31.648	33.246	.000
	집단-내		249.410	262	.952		
	합계		402.268	265			
절차	집단-간	(조합됨)	111.316	3	37.105	39.782	.000
	선형 항	가중되지 않음	69.343	1	69.343	74.346	.000
		가중됨	78.801	1	78.801	84.486	.000
		편차	32.515	2	16.257	17.430	.000
	집단-내		244.369	262	.933		
	합계		355.685	265			
상호작용	집단-간	(조합됨)	80.144	3	26.715	27.796	.000
	선형 항	가중되지 않음	31.644	1	31.644	32.925	.000
		가중됨	40.300	1	40.300	41.932	.000
		편차	39.843	2	19.922	20.728	.000
	집단-내		251.805	262	.961		

다중 비교

Scheffe

종속 변수	(I) 직급	(J) 직급	평균차(I-J)	표준오차	유의확률	95% 신뢰구간 하한값	95% 신뢰구간 상한값
분배	대리이하(a)	과장급(b)	.13559	.17359	.894	-.3528	.6240
		차부장급(c)	-1.56534*	.16494	.000	-2.0494	-1.1212
		임원이상(d)	-1.11346*	.18465	.000	-1.6330	-.5939
	과장급(b)	대리이하(a)	-.13559	.17359	.894	-.6240	.3528
		차부장급(c)	-1.72093*	.15833	.000	-2.1664	-1.2754
		임원이상(d)	-1.24906*	.17877	.000	-1.7521	-.7460
	차부장급(c)	대리이하(a)	1.56534*	.16494	.000	1.1212	2.0494
		과장급(b)	1.72093*	.15833	.000	1.2754	2.1664
		임원이상(d)	.47187	.17038	.056	-.0075	.9513
	임원이상(d)	대리이하(a)	1.11346*	.18465	.000	.5939	1.6330
		과장급(b)	1.24906*	.17877	.000	.7460	1.7521
		차부장급(c)	-.47187	.17038	.056	-.9513	.0075
절차	대리이하(a)	과장급(b)	.20120	.17183		-.2823	.6847
		차부장급(c)	-1.18098*	.16326	.000	-1.6403	-.7215
		임원이상(d)	-1.17838*	.18278	.000	-1.6927	-.6641

④ 차이가 발생하는 집단에 대해서 세부적으로 확인한다.

다중 비교

Scheffe

종속 변수	(I) 직급	(J) 직급	평균차(I-J)	표준오차	유의확률	95% 신뢰구간	
						하한값	상한값
분배	대리이하(a)	과장급(b)	.13559	.17359	.894	-.3528	.6240
		차부장급(c)	-1.58534*	.16494	.000	-2.0494	-1.1212
		임원이상(d)	-1.11346*	.18465	.000	-1.6330	-.5939
	과장급(b)	대리이하(a)	-.13559	.17359	.894	-.6240	.3528
		차부장급(c)	-1.72093*	.15833	.000	-2.1664	-1.2754
		임원이상(d)	-1.24906*	.17877	.000	-1.7521	-.7460
	차부장급(c)	대리이하(a)	1.58534*	.16494	.000	1.1212	2.0494
		과장급(b)	1.72093*	.15833	.000	1.2754	2.1664
		임원이상(d)	.47187	.17038	.056	-.0075	.9513
	임원이상(d)	대리이하(a)	1.11346*	.18465	.000	.5939	1.6330
		과장급(b)	1.24906*	.17877	.000	.7460	1.7521
		차부장급(c)	-.47187	.17038	.056	-.9513	.0075
절차	대리이하(a)	과장급(b)	.20120	.17183	.713	-.2823	.6847
		차부장급(c)	-1.18088*	.16326	.000	-1.6403	-.7215
		임원이상(d)	-1.17838*	.18278	.000	-1.6927	-.6641

❶ 대리이하(a)는 과장급(b)과의 유의확률 .894로 유의하지 않다.

대리이하(a)는 차부장급(c)과의 유의확률 .000으로 유의하다.

대리이하(a)는 임원이상(d)과의 유의학률 .000으로 유의하다.

이는 대리이하 집단(a)과 차부장급(c), 임원이상(d)에서 차이가 있다는 것을 의미한다. 그리고 평균은 대리급(a)이 가장 낮고, 임원이상(d), 차부장급(c) 순으로 높다.

집단	분배 평균
대리이하(a)	3.5356
차부장급(c)	5.1209
임원이상(d)	4.6491

따라서 이 경우에 다음과 같이 표시할 수 있다.

❸●a ❷< d , c

❷ a와 d, c 간에 평균 차이가 있음을 의미하고, a의 평균보다 d와 c의 평균값이 더 높음을 의미한다.

❸ a의 평균이 가장 낮다. 그리고 d와 c 순으로 평균이 높아진다.

❹ 과장급(b)은 대리이하(a)와의 유의확률 .894로 유의하지 않다.

과장급(b)은 차부장급(c)과의 유의확률 .000으로 유의하다.

과장급(b)은 임원이상(d)과의 유의학률 .000으로 유의하다.

이는 과장급(b)과 차부장급(c), 임원이상(d)에서 차이가 있다는 것을 의미한다. 그리고 평균은 과장급(b)이 가장 낮고, 임원이상(d), 차부장급(c) 순으로 높다.

집단	분배 평균
과장급(b)	3.400
차부장급(c)	5.1209
임원이상(d)	4.6491

따라서 이 경우에 다음과 같이 표시할 수 있다.

$$\text{⑥} \, b \overset{\text{⑤}}{<} d , c$$

⑤ b와 d, c 간에 평균 차이가 있음을 의미하고, b의 평균보다 d와 c의 평균값이 더 높음을 의미한다.

⑥ b의 평균이 가장 낮다. 그리고 d와 c 순으로 평균이 높아진다.

⑦ 차부장급(c)은 대리이하(a)와의 유의확률 .000으로 유의하다.

차부장급(c)은 과장급(b)과의 유의확률 .000으로 유의하다.

차부장급(c)은 임원이상(d)과의 유의학률 .056으로 유의하지 않다.

차부장급(c)은 대리이하(a)와 과장급(b)에서 차이가 있음을 의미한다. 평균은 과장급(b)이 가장 낮고, 대리이하(a), 차부장급(c) 순으로 높다.

집단	분배 평균
대리이하(a)	3.5356
과장급(b)	3.400
차부장급(c)	5.1209

따라서 이 경우에 다음과 같이 표시할 수 있다.

$$\text{⑨} \, b,a \overset{\text{⑧}}{<} c$$

❽ b, a와 c 간에 평균 차이가 있음을 의미하고, b와 a의 평균보다 c의 평균값이 더 높음을 의미한다.

❾ b와 a 중에서 b의 평균이 a보다 낮다.

❿ 임원이상(d)은 대리이하(a)와의 유의확률 .000으로 유의하다.

임원이상(d)은 과장급(b)과의 유의확률 .000으로 유의하다.

임원이상(d)은 차부장급(c)과의 유의학률 .056으로 유의하지 않다.

임원이상(d)은 대리이하(a)와 과장급(b)에서 차이가 있음을 의미한다. 평균은 과장급(b)이 가장 낮고, 대리이하(a), 임원이상(d) 순으로 높다.

집단	분배 평균
대리이하(a)	3.5356
과장급(b)	3.400
임원이상(d)	4.6491

따라서 이 경우에 다음과 같이 표시할 수 있다.

b,a < d

⑤ 결과표를 논문에 사용하기 위한 표로 편집한다.

❶ 분배공정성의 경우에는 b집단(과장급), a집단(대리이하) vs d집단(임원이상), c집단(차부장급) 평균 차이가 있음을 의미한다. 평균은 b집단(과장급), a집단(대리이하)보다 d집단(임원이상), c집단(차부장급)의 평균이 높음을 의미한다.

		N	평균	표준편차	F(p)	Scheffe
분배	대리이하(a)	59	3.54	.84	53.525***	❶ b,a<d,c
	과장급(b)	68	3.40	.68		
	차부장급(c)	86	5.12	1.19		
	임원이상(d)	53	4.65	1.05		
절차	대리이하(a)	59	3.74	.78	39.782***	b,a<d,c
	과장급(b)	68	3.54	.80		
	차부장급(c)	86	4.92	1.08		
	임원이상(d)	53	4.92	1.13		

상호 작용	대리이하(a)	59	3.67	.80	27.796***	b,a<d<c
	과장급(b)	68	3.58	.75		
	차부장급(c)	86	4.85	1.10		
	임원이상(d)	53	4.35	1.20		
조직 몰입	대리이하(a)	59	3.89	.77	24.298***	b,a<d,c
	과장급(b)	68	3.75	.89		
	차부장급(c)	86	4.83	.90		
	임원이상(d)	53	4.62	1.05		
SCM 성과	대리이하(a)	59	3.74	.88	23.369***	b,a<d,c
	과장급(b)	68	3.86	.91		
	차부장급(c)	86	4.83	.90		
	임원이상(d)	53	4.54	1.01		

*** p<.001

> **Tip** 만약 분산분석 유의확률이 0.05보다 낮은데 사후분석(Scheffe)을 확인해도 유의한 집단이 발견되지 않는다면, '등분산을 가정하지 않음'으로 보고 Dunnett의 T3에서 차이 결과를 확인하면 된다.

⑥ 결과표를 해석하여 작성한다.

일원배치 분산분석(One way ANOVA) 분석은 3개 이상 집단 간의 평균 차이를 분석하기 위한 방법이다. 유의확률을 기준으로 0.05보다 낮은 경우 집단 간 차이가 있는 것으로 해석한다. 그리고 차이가 발생한 집단을 확인하기 위해서 사후 분석 옵션에서 Scheffe 검정을 실시하였다. 직급에 따른 평균 차이가 있는지 확인하기 위해 일원변량 분석을 한 결과 분배($p<0.001$), 절차($p<0.001$), 상호작용($p<0.001$), 조직몰입($p<0.001$), SCM성과($p<0.001$)에서 모두 직급별 평균 차이가 발생하였다. 그리고 차이를 확인하기 위해 사후분석(Scheffe)을 실시한 결과 모든 요인에서 대리급, 과장급이 차부장급과 임원이상 집단과 평균 차이가 발생하는 것을 알 수 있었다. 그리고 전체적으로 차부장급의 평균점수가 가장 높았고 과장급의 평균점수가 가장 낮은 것을 알 수 있었다.

III 회귀분석

1. 단일 회귀분석

SPSS 프로그램을 통해 회귀분석을 실시하여 인과관계를 증명할 수 있다. 회귀분석은 단일 회귀분석, 다중(중다) 회귀분석, 조절 회귀분석, 매개 회귀분석으로 구분하여 분석 방법을 설명하고자 한다.

단일 회귀분석이란 독립변수가 한 개인 경우를 의미한다.

조직공정성 ———▶ 조직몰입

① 분석 실시

❶ 분석(A)-회귀분석(R)-선형(L) 선택을 한다.

❷ 독립변수(I) 조직공정성 투입
❸ 종속변수(D) 조직몰입 투입
❹ 통계량(S) 클릭

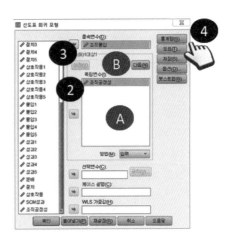

Tip A. 회귀분석은 종속변수는 한 개만 투입할 수 있다. 단 독립변수는 복수로 투입이 가능하다. 복수로 투입할 경우 다중회귀 분석이라고 한다.

Tip B. 다음(N)은 조절변수를 분석할 경우 사용한다. 단계별 변수를 투입할 경우 사용한다.

⑤ 신뢰구간(C), 기술통계(D) 추가로 표시

⑥ 계속을 클릭

⑦ 확인을 클릭하면 분석결과를 확인할 수 있다.

Tip C. 단일 회귀분석의 경우 변수가 한 개 투입되므로, R 제곱변화량(S), 공선성 진단(L), Durbin-Watson(U)은 별도 선택하지 않아도 된다.

② 결과표를 확인한다.

① **②** 요약

모형	R	R 제곱	수정된 R 제곱	추정값의 표준오차
1	.818ᵃ	.669	.668	.58762

a. 예측값: (상수), 조직공정성

분산분석[b]

모형		제곱합	자유도	평균 제곱	F	유의확률
1	회귀 모형	197.971	1	197.971	573.327	.000[a]
	잔차	98.066	284	.345		
	합계	296.036	285			

a. 예측값: (상수), 조직공정성
b. 종속변수: 조직몰입

③ ④ ⑤

모형		비표준화 계수		표준화 계수			B에 대한 95.0% 신뢰구간	
		B	표준오차	베타	t	유의확률	하한값	상한값
1	(상수)	1.043	.140		7.447	.000	.767	1.318
	조직공정성	.766	.032	.818	23.944	.000	.703	.829

a. 종속변수: 조직몰입

❶ R : 상관계수이다. 앞서 상관관계 분석에서 소문자(r)로 표시가 되었으나 회귀분석 결과에서는 대문자로 표시된다. 조직공정성과 조직몰입은 상관관계가 0.818로 매우 높은 상관관계를 가진다.

❷ R^2 : 설명력이다. 독립변수에 의해 종속변수가 설명되는 설명력이 몇 %인지를 의미한다. 조직몰입에 영향을 미치는 여러 가지 요인 중에서 조직공정성은 66.9%의 설명력을 가진다는 뜻이다.

❸ B : 비표준화 계수를 의미한다. 부호를 보면 (+)이고 회귀계수가 .589이다. 이는 근무환경이 올라갈수록(+) 직무만족이 높아진다는 것을 의미한다.

❹ 베타(β) : 표준화 계수를 의미한다. 표준화 계수는 1을 기준으로 비표준화 계수를 표준화 계수로 변경한 것이다. 독립변수가 여러 가지일 경우 영향력이 어떤 것이 더 강한지 비교할 때 비표준화 계수(B)를 확인하게 되면 단위가 일치하지 않아 부정확할 수 있다. 따라서 표준화 계수를 비교하면 영향력 비교가 가능하다.

③ 결과표를 논문에 사용하기 위한 표로 편집한다.

종속변수	독립변수	비표준화 계수		표준화 계수	t(p)
		B	표준오차	베타	
조직몰입	조직공정성	.766	.032	.818	23.944***
R(.818), R^2(.669), F(9,277**)					

④ 결과표를 해석하여 작성한다.

독립변수와 종속변수와의 관계를 위해 단일 회귀분석을 실시하였다. 상관관계(R)는 .818로 매우 높은 상관관계를 확인할 수 있었다. 그리고 R^2값을 살펴본 결과 .669로써 조직공정성이 조직몰입을 설명하는 설명력은 66.9%임을 확인할 수 있었다.

마지막으로, 조직공정성이 조직몰입에 영향을 미치는 것으로 확인되었고(p<.001), 비표준화 계수의 부호를 통해 조직공정성이 강화될수록 조직몰입은 높아진 다는 것을 확인할 수 있었다.

2. 다중 회귀분석

다중(중다) 회귀분석이란 독립변수가 두 개 이상인 경우를 의미한다.

분배 공정성

절차 공정성 → 조직몰입

상호작용 공정성

① 분석 실시

❶ 분석(A)-회귀분석(R)-선형(L) 선택

❷ 독립변수(I) 세 가지(분배, 절차, 상호작용) 투입

❸ 종속변수(D) 조직몰입 투입

❹ 이후 통계량(S) 클릭

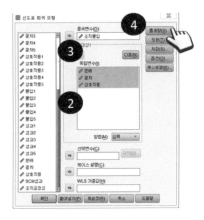

❺ 표시한 부분을 선택

❻ 계속을 클릭

❼ 확인을 클릭

② 결과표를 확인한다.

모형 요약ᵇ

모형	R	R 제곱	수정된 R 제곱	추정값의 표준오차	통계량 변화량					Durbin-Watson
					R 제곱 변화량	F 변화량	df1	df2	유의확률 F 변화량	
1	.823ª	.677	.674	.58194	.677	197.387	3	282	.000	1.833

a. 예측값: (상수), 상호작용, 절차, 분배

b. 종속변수: 조직몰입

분산분석ᵇ

모형		제곱합	자유도	평균 제곱	F	유의확률
1	회귀 모형	200.536	3	66.845	197.387	.000ª
	잔차	95.500	282	.339		
	합계	296.036	285			

a. 예측값: (상수), 상호작용, 절차, 분배

b. 종속변수: 조직몰입

계수ª

모형		비표준화 계수		표준화 계수	t	유의확률	B에 대한 95.0% 신뢰구간		상관계수			공선성 통계량	
		B	표준오차	베타			하한값	상한값	0차	편상관	부분상관	공차	VIF
1	(상수)	1.002	.140		7.180	.000	.727	1.277					
	분배	.141	.054	.168	2.616	.009	.035	.247	.742	.154	.088	.276	3.617
	절차	.249	.050	.292	5.019	.000	.151	.347	.746	.286	.170	.338	2.955
	상호작용	.388	.054	.429	7.203	.000	.282	.494	.782	.394	.244	.323	3.094

a. 종속변수: 조직몰입

❶ Durbin-Watson : 회귀분석에서는 자기상관이라는 것을 측정하는데, 이를 판단하는 것이 Durbin-watson이다. 0에서 4까지 값을 가지는데, 2에 가까우면 자기상관이 없다는 뜻이다. 즉 2에 가까워야 좋다는 의미이다.

❷ F, 유의확률 : 유의확률의 값이 0.05보다 적을 경우에는 여러 가지 독립변수 중에서 한 가지 이상은 종속변수에 영향을 미칠 것임을 미리 보여주는 것으로 이해하면 된다.

❸ 공선성 통계량 : 다중공선성 여부를 확인하는 것이다. 다중공선성이랑 변수 간 상관관계가 매우 높은 경우에 발생하는데, '콩'인지 '된장'인지 구분이 잘 안 될 경우라고 이해하면 쉽다. 인과관계 분석에서 다중공선성이 발생하면 문제가 되므로 반드시 다중공선성 여부를 확인해야 한다. 대표적인 것으로 공차, VIF가 있다. 공차가 0.1 이상, VIF 10미만인 경우에 다중공선성이 없는 것으로 판단한다.

③ 결과표를 논문에 사용하기 위한 표로 편집한다.

종속 변수	독립 변수	비표준화 계수		표준화 계수	t	유의확률	공선성 통계량	
		B	표준오차	베타			공차	VIF
조직 몰입	분배	.142	.054	.170	2.635	.009	.276	3.619
	절차	.250	.050	.293	5.042	.000	.339	2.952
	상호작용	.386	.054	.425	7.144	.000	.324	3.089

R(.823), R^2(.677), Durbin-watson(1.834), F(196.647) p<.001

④ 결과표를 해석하여 작성한다.

분배공정성, 절차공정성, 상호작용 공정성이 조직몰입에 미치는 영향을 확인하기 위해 다중회귀분석을 실시하였다. 우선 Durbin-Watson을 체크한 결과 1.834로 2에 근접하여 자기상관이 거의 없는 것으로 확인되었다. 그리고 p값이 .000으로 .05보다 작아 녹립변수 중에서 종속변수에 유의한 영향을 주는 변수가 있을 것으로 예상하였다. 독립변수와 종속변수와의 상관관계(R)는 .823으로 높은 상관관계를 확인할 수 있었다. 그리고 변수 간 다중공선성을 확인하기 위해 공차와 VIF를 확인한 결과, 공차는 모두 0.1 이상, VIF 10 미만으로 다중공선성이 없는 것을 확인할 수 있었다.

이어 분석한 결과의 계수표를 이용하여 어떤 변수가 매개변수에 영향을 미쳤는지를 확인하였다. 그 결과 분배공정성(p<.01), 절차공정성(p<.001), 상호작용 공정성(p<.001) 모두 조직몰입에 유의한 영향을 미치는 것으로 확인되었다. 그리고 유의한 영향을 주는 변수가 어떤 영향을 주는지 알아보기 위하여 비표준화 계수인 B값을 확인해 보았다. 그 결과 분배공정성(B=.142), 절차공정성(B=.250), 상호작용 공정성(B=.386)으로 나타났으며 모두 양수(+)로 확인하였다. 따라서 분배공정성이 향상될수록, 절차공정성이 강화될수록, 상호작용성이 향상될수록 조직몰입은 높아진다는 것을 확인할 수 있었다. 그리고 표준화 계수를 통해 살펴본 결과 조직몰입에 미치는 영향은 상호작용 공정성(β=.425), 절차공정성(β=.293), 분배공정성(β=.170) 순임을 확인할 수 있었다. 더불어 독립변수가 종속변수를 얼마나 설명하고 있는지 확인하기 위해 R^2값을 살펴본 결과 67.7%임을 확인할 수 있었다.

3. 조절 회귀분석

조절 회귀분석이란 독립변수와 종속변수 간에 조절 역할을 하는 변수가 있는 것을 말한다. 조절 회귀분석은 1단계(독립변수), 2단계(독립, 조절변수), 3단계(독립, 조절, 상호조절항)로 독립변수를 투입한다.

① 조절변수는 범주형(남자/여자), 연속형(매출액 정도) 변수로 구분이 가능하다.

② 범주형 조절변수는 더미처리(0 / 1)를 실시한다.

❶ 범주형 조절변수를 더미처리하기 위해서 변환(T)-다른 변수로 코딩변경(R)을 클릭

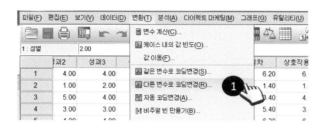

② 성별 이동

③ 이름(N)에 D.성별로 변경

④ 바꾸기(H) 클릭

⑤ 기존값 및 새로운 값(O) 클릭

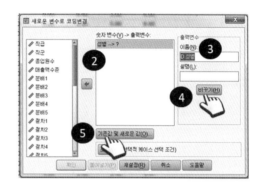

⑥ 값(V) 1 → 기준값(A) 1 입력

　값(V) 2 → 기준값(A) 0 입력

⑦ 추가 클릭

⑧ 계속 클릭

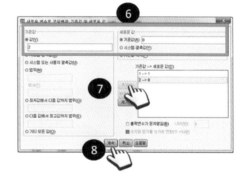

⑨ 더미처리한 결과를 확인할 수 있다.

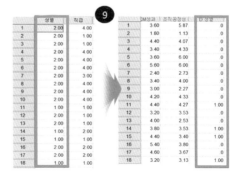

③ 평균중심화

조절 회귀분석을 할 때에는 다중공선성을 피하기 위해 독립변수와 연속형 조절변수에 대해 평균중심화를 실시한다. 평균중심화 방법은 엑셀로 계산이 가능하며 다음과 같다.

첫째, 측정하고자 하는 각 변수의 평균값을 산출한다(예: 조직몰입 전체 평균값을 산출한다).

둘째, 변수 개별값에서 변수의 평균값을 빼 준다(예: 조직몰입 1번 응답값 − 조직몰입 평균값).

❶ 엑셀 파일에서 평균중심화할 변수 선택

❷ 평균 함수(AVERAGE)를 선택

❸ 평균중심화할 변수의 평균 계산

❹ 변수의 평균값 산출

❺ 변수 개별값 − 변수 평균값

❻ 엑셀 파일에서 평균중심화 마무리

❼ SPSS 프로그램에 붙여넣기

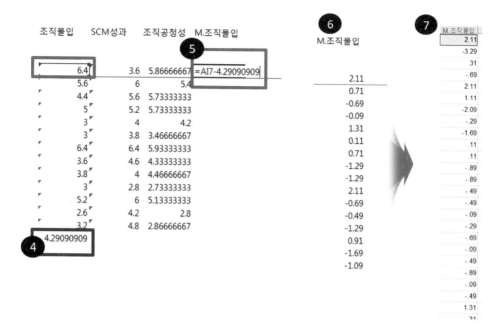

④ 상호작용항 계산

독립변수와 조절변수가 종속변수에 미치는 영향을 확인하기 위해 상호작용항을 계산한다. 조절 회귀분석은 1단계(독립변수), 2단계(독립, 조절변수), 3단계(독립, 조절, 상호작용항)로 독립 변수를 투입한다. 따라서 상호조절항을 별도 계산해야 한다.

❶ 변환(T)-변수계산(C)을 선택

❷ 평균중심화한 독립변수(M.조직몰입) 이동

❸ * 클릭

❹ 평균중심화한 조절변수(M.매출액) 이동

❺ 확인 선택

❻ 상호작용항 계산됨

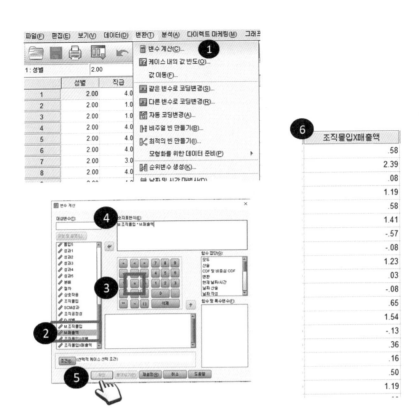

3-1 범주형 조절 회귀분석

조절 회귀분석은 1단계(독립변수), 2단계(독립, 조절변수), 3단계(독립, 조절, 상호작용항)로 독립변수를 투입한다.

Tip 범주형 조절 회귀분석을 하기 전, 조절변수에 대해 더미처리를 실시해야 한다. 그리고 분석하기전 평균중심화한 조직몰입과 성별에 대한 상호작용항을 계산해 둬야 한다.

① 1단계 - 독립변수와 종속변수 투입 과정

❶ 분석(A)-회귀분석(R)-선형(L) 선택

❷ 독립변수에 M.조직몰입 투입

❸ 종속변수에 SCM성과 투입

❹ 다음(N) 클릭

② 2단계 - 독립변수, 조절변수와 종속변수 투입 과정

❺ 독립변수에 M.조직몰입, D.성별 투입

  (종속변수는 고정되어 있어서 별도 투입하지 않아도 됨)

❻ 다음(N) 클릭

③ 3단계-독립변수, 조절변수, 상호작용항과 종속변수 투입 과정

❼ 독립변수에 M.조직몰입, D.성별, 조직몰입×성별 투입

  (종속변수는 고정되어 있어서 별도 투입하지 않아도 됨)

❽ 통계량(S) 클릭

❾ 그림과 같이 표시

❿ 계속 클릭

④ 결과 확인

❶ △R² : 설명력의 변화량을 의미한다. 조절 회귀분석은 3단계로 구성되는데, 1단계에 비해 2단계와 3단계의 설명력에 변화가 있어야 한다. 그래야 조절효과가 있다고 판단한다. 아래 결과에서 설명력에 변화가 있음을 확인할 수 있다.

❷ △F : F변화량의 의미한다. 설명력과 마찬가지로 조절 회귀분석에서는 1단계에 비해 2단계와 3단계의 F변화량이 있어야 하고, 유의한 수준 내($p < 0.05$) 변화가 있어야 조절효과가 있다고 판단한다. 아래 결과에서는 F변화량이 유의하지 않는 것으로 확인된다. 따라서 조절효과가 유의하지 않다고 판단할 수 있다.

모형 요약ᵈ

모형	R	R 제곱	수정된 R 제곱	추정값의 표준오차	통계량 변화량					Durbin-Watson
					R 제곱 변화량	F 변화량	df1	df2	유의확률 F 변화량	
1	.775ᵃ	.600	.599	.65303	.600	426.091	1	284	.000	
2	.775ᵇ	.601	.598	.65374	.001	.382	1	283	.537	
3	.775ᶜ	.601	.597	.65456	.000	.291	1	282	.590	1.820

a. 예측값: (상수), M.조직몰입
b. 예측값: (상수), M.조직몰입, M.매출액
c. 예측값: (상수), M.조직몰입, M.매출액, 조직몰입X매출액
d. 종속변수: SCM성과

분산분석ᵈ

모형		제곱합	자유도	평균 제곱	F	유의확률
1	회귀 모형	181.707	1	181.707	426.091	.000ᵃ
	잔차	121.112	284	.426		
	합계	302.820	285			
2	회귀 모형	181.871	2	90.935	212.773	.000ᵇ
	잔차	120.949	283	.427		
	합계	302.820	285			
3	회귀 모형	181.995	3	60.665	141.590	.000ᶜ
	잔차	120.824	282	.428		
	합계	302.820	285			

a. 예측값: (상수), M.조직몰입
b. 예측값: (상수), M.조직몰입, M.매출액
c. 예측값: (상수), M.조직몰입, M.매출액, 조직몰입X매출액
d. 종속변수: SCM성과

계수[a]

모형		비표준화 계수		표준화 계수			B에 대한 95.0% 신뢰구간		상관계수			공선성 통계량	
		B	표준오차	베타	t	유의확률	하한값	상한값	0차	편상관	부분상관	공차	VIF
1	(상수)	4.311	.039		111.646	.000	4.235	4.387					
	M.조직몰입	.783	.038	.775	20.642	.000	.709	.858	.775	.775	.775	1.000	1.000
2	(상수)	4.311	.039		111.525	.000	4.235	4.387					
	M.조직몰입	.780	.038	.771	20.286	.000	.704	.856	.775	.770	.762	.977	1.024
	M.매출액	.019	.031	.024	.618	.537	-.042	.080	.141	.037	.023	.977	1.024
3	(상수)	4.308	.039		110.008	.000	4.231	4.385					
	M.조직몰입	.777	.039	.768	20.017	.000	.701	.854	.775	.766	.753	.960	1.041
	M.매출액	.018	.031	.022	.567	.571	-.044	.079	.141	.034	.021	.969	1.032
	조직몰입X매출액	.016	.030	.021	.539	.590	-.044	.076	.134	.032	.020	.971	1.030

a. 종속변수: SCM성과

⑤ 결과를 표로 정리

모형		B	베타	t	R^2	$\triangle R^2$	$\triangle F$
모형1	M.조직몰입	.783	.775	20.642***	.600	.600	.000
모형2	M.조직몰입	.774	.765	20.324***	.605	.005	.055
	D.성별	.151	.073	1.929			
모형3	M.조직몰입	.701	.693	12.791***	.610	.005	.067
	D.성별	.153	.074	1.973*			
	조직몰입X성별	.139	.099	1.836			

⑥ 결과 작성

조직몰입과 SCM성과 간의 매출액의 조절효과를 확인하기 위해 조절 회귀분석을 실시하였다. 조절 회귀분석을 실시하기 위해서 3단계로 진행을 하였다. 1단계는 독립변수와 종속변수 투입, 2단계는 독립변수, 조절변수와 종속변수, 3단계는 독립변수, 조절변수, 그리고 상호작용항과 종속변수를 투입하였다. 분석을 하기 전 독립변수와 조절변수에 대해서 평균중심화를 실시한 후 분석을 실시하였다.

1단계에서는 독립변수가 종속변수에 미치는 영향을 확인하기 위한 분석으로 조직몰입이 SCM성과에 유의한(β=.775, p<.001) 영향을 미치는 것으로 확인되었다. 조절변수가 투입된 2단계에서는 매출액이 추가되어 설명력(R^2)이 0.5%로 증가하였으나 유의확률 F변화량이 유의하지 않은 것으로 확인되었다. 상호작용항을 투입하여 매출액의 조절효과를 검정하는 3단계에서는 설명력(R^2)과 유의확률 F변화량이 유의하지 않은 것으로 확인되었다. 따라서 매출액이 조직몰입과 SCM성과 간에 조절효과를 가지지 않음을 알 수 있었다.

3-2 연속형 조절 회귀분석

Tip 범주형 조절 회귀분석을 하기 전, 다중공선성을 피하기 위해서 독립변수와 조절변수에 대한 평균 중심화를 실시한다. 그리고 평균중심화한 조직몰입과 매출액에 대한 상호작용항을 계산해 둬야 한다.

① 1단계-독립변수와 종속변수 투입 과정

❶ 분석(A)-회귀분석(R)-선형(L) 선택

❷ 독립변수에 M.조직몰입 투입

❸ 종속변수에 SCM성과 투입

❹ 다음(N) 클릭

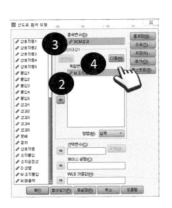

② 2단계-독립변수, 조절변수와 종속변수 투입 과정

❺ 독립변수에 M.조직몰입, M.매출액 투입

  (종속변수는 고정되어 있어서 별도 투입하지 않아도 됨)

❻ 다음(N) 클릭

③ 3단계-독립변수, 조절변수, 상호작용항과 종속변수 투입 과정

❼ 독립변수에 M.조직몰입, M.매출액, 조직몰입×매출액 투입

(종속변수는 고정되어 있어서 별도 투입하지 않아도 됨)

❽ 통계량(S) 클릭

❾ 그림과 같이 표시

❿ 계속 클릭

④ 결과 확인

❶ △R² : 설명력의 변화량을 의미한다. 조절 회귀분석은 3단계로 구성되는데, 1단계에 비해 2단계와 3단계의 설명력에 변화가 있어야 한다. 그래야 조절효과가 있다고 판단한다. 아래 결과에서는 3단계의 설명력 변화가 없는 것으로 확인된다. 따라서 조절효과가 유의하지 않다고 판단할 수 있다.

❷ △F : F변화량의 의미한다. 설명력과 마찬가지로 조절 회귀분석에서는 1단계에 비해 2단계와 3단계의 F변화량이 있어야 하고, 유의한 수준 내(p〈.0.05) 변화가 있어야 조절효과가 있다고 판단한다. 아래 결과에서는 F변화량이 유의하지 않는 것으로 확인된다. 따라서 조절효과가 유의하지 않다고 판단할 수 있다.

모형 요약[d]

모형	R	R 제곱	수정된 R 제곱	추정값의 표준오차	통계량 변화량					Durbin-Watson
					R 제곱 변화량	F 변화량	df1	df2	유의확률 F 변화량	
1	.775[a]	.600	.599	.65303	.600	426.091	1	284	.000	
2	.775[b]	.601	.598	.65374	.001	.382	1	283	.537	
3	.775[c]	.601	.597	.65456	.000	.291	1	282	.590	1.820

a. 예측값: (상수), M.조직몰입
b. 예측값: (상수), M.조직몰입, M.매출액
c. 예측값: (상수), M.조직몰입, M.매출액, 조직몰입X매출액
d. 종속변수: SCM성과

분산분석[d]

모형		제곱합	자유도	평균 제곱	F	유의확률
1	회귀 모형	181.707	1	181.707	426.091	.000[a]
	잔차	121.112	284	.426		
	합계	302.820	285			
2	회귀 모형	181.871	2	90.935	212.773	.000[b]
	잔차	120.949	283	.427		
	합계	302.820	285			
3	회귀 모형	181.995	3	60.665	141.590	.000[c]
	잔차	120.824	282	.428		
	합계	302.820	285			

a. 예측값: (상수), M.조직몰입
b. 예측값: (상수), M.조직몰입, M.매출액
c. 예측값: (상수), M.조직몰입, M.매출액, 조직몰입X매출액
d. 종속변수: SCM성과

계수[a]

모형		비표준화 계수		표준화 계수	t	유의확률	B에 대한 95.0% 신뢰구간		상관계수			공선성 통계량	
		B	표준오차	베타			하한값	상한값	0차	편상관	부분상관	공차	VIF
1	(상수)	4.311	.039		111.646	.000	4.235	4.387					
	M.조직몰입	.783	.038	.775	20.642	.000	.709	.858	.775	.775	.775	1.000	1.000
2	(상수)	4.311	.039		111.525	.000	4.235	4.387					
	M.조직몰입	.780	.038	.771	20.286	.000	.704	.856	.775	.770	.762	.977	1.024
	M.매출액	.019	.031	.024	.618	.537	-.042	.080	.141	.037	.023	.977	1.024
3	(상수)	4.308	.039		110.008	.000	4.231	4.385					
	M.조직몰입	.777	.039	.768	20.017	.000	.701	.854	.775	.766	.753	.960	1.041
	M.매출액	.018	.031	.022	.567	.571	-.044	.079	.141	.034	.021	.969	1.032
	조직몰입X매출액	.016	.030	.021	.539	.590	-.044	.076	.134	.032	.020	.971	1.030

a. 종속변수: SCM성과

⑤ 결과를 표로 정리

모형		B	베타	t	R^2	△R^2	△F
모형1	M.조직몰입	.783	.775	20.6419***	.600	.600	.000
모형2	M.조직몰입	.780	.771	20.285***	.601	.001	.537
	M.매출액	.019	.024	.618			
모형3	M.조직몰입	.777	.768	20.017***	.601	.000	.590
	M.매출액	.018	.022	.567			
	조직몰입X매출액	.016	.021	.539			

*** p〈.001

⑥ 결과 작성

조직몰입과 SCM성과 간의 성별의 조절효과를 확인하기 위해 조절 회귀분석을 실시하였다. 조절 회귀분석을 실시하기 위해서 3단계로 진행을 하였다. 1단계는 독립변수와 종속변수 투입, 2단계는 독립변수, 조절변수와 종속변수, 3단계는 독립변수, 조절변수, 그리고 상호작용항과 종속변수를 투입하였다. 분석을 하기 전 성별에 대해서 더미처리를 실시하였으며 독립변수에 대해서 평균중심화를 실시한 후 분석을 실시하였다.

1단계에서는 독립변수가 종속변수에 미치는 영향을 확인하기 위한 분석으로 조직몰입이 SCM성과에 유의한(β=.775, p<.001) 영향을 미치는 것으로 확인되었다. 조절변수가 투입된 2단계에서는 성별이 추가되어 설명력(R^2)이 0.5%로 증가하였으나 유의확률 F변화량이 유의하지 않은 것으로 확인되었다. 상호작용항을 투입하여 성별의 조절효과를 검정하는 3단계에서는 설명력(R^2)이 0.5%로 증가하였지만 유의확률 F변화량이 유의하지 않은 것으로 확인되었다. 따라서 성별이 조직몰입과 SCM성과 간에 조절효과를 가지지 않음을 알 수 있었다.

4. 매개 회귀분석

매개 회귀분석이란 독립변수와 종속변수 사이에 매개변수가 존재하며 매개변수가 매개역할을 하는지 확인하는 분석이다. 매개 회귀분석에서는 Baron & Kenny(1986)이 제안하는 3단계 과정을 가장 널리 사용한다.

매개 회귀분석 절차는 4단계로 이루어지며, 모두 충족되어야 매개효과가 있다고 판단한다. 만약 한 가지라도 충족하지 않으면 매개효과가 없다고 판단한다.

1단계 : 독립변수가 매개변수에 유의한 영향을 미쳐야 한다.
2단계 : 독립변수가 종속변수에 유의한 영향을 미쳐야 한다.
3단계 : 독립변수＋매개변수의 관계가 종속변수에 유의한 영향을 미쳐야 한다. 단, 매개변수는 반드시 종속변수에 유의해야 한다. 하지만 독립변수는 종속변수에 유의하지 않아도 된다. 만약 독립변수가 종속변수에 유의하지 않으면 완전매개, 독립변수가 종속변수에 유의하면 부분매개로 해석한다.

4단계 : 독립변수와 종속변수와의 베타값, 곧 3단계 결과값이 2단계 결과값보다 낮아야 한다. 다시 말해 2단계의 베타값이 3단계의 베타값보다 커야 한다.

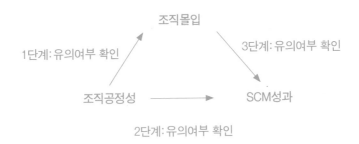

① (1단계) 독립변수와 매개변수 관계를 확인

❶ 분석(A)-회귀분석(R)-선형(L) 클릭

❷ 독립변수(I) 조직공정성 투입

❸ 종속변수(D) 조직몰입 투입

❹ 통계량(S) 클릭

❺ 그림과 같이 선택

❻ 계속 클릭

❼ 확인을 클릭하면 결과를 확인할 수 있다.

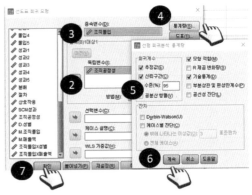

Tip 이 과정은 단일 회귀분석 과정과 동일하다.

❽ 1단계: 독립변수(조직공정성)가 매개변수(조직몰입)에 유의(p<.001)한 것을 확인할 수 있다. 이를 통해 1단계는 적합함을 알 수 있다.

모형 요약

모형	R	R 제곱	수정된 R 제곱	추정값의 표준오차
1	.818ᵃ	.669	.668	.58762

a. 예측값: (상수), 조직공정성

분산분석ᵇ

모형		제곱합	자유도	평균 제곱	F	유의확률
1	회귀 모형	197.971	1	197.971	573.327	.000ᵃ
	잔차	98.066	284	.345		
	합계	296.036	285			

a. 예측값: (상수), 조직공정성
b. 종속변수: 조직몰입

계수ᵃ

모형		비표준화 계수		표준화 계수			B에 대한 95.0% 신뢰구간	
		B	표준오차	베타	t	유의확률	하한값	상한값
1	(상수)	1.043	.140		7.447	.000	.767	1.318
	조직공정성	.766	.032	.818	23.944	.000	.703	.829

a. 종속변수: 조직몰입

② 2단계: 독립변수와 종속변수 관계를 확인

Tip 2단계를 별도로 진행한 후 3단계를 별도로 진행해도 되지만, 2단계와 3단계를 조절 회귀분석 방식대로 위계적 회귀분석에 따라 동시에 분석할 수도 있다.

❶ 분석(A)-회귀분석(R)-선형(L) 클릭
❷ 독립변수(I) 조직공정성 투입
❸ 종속변수(D) SCM성과 투입
❹ 통계량(S) 클릭
❺ 그림과 같이 선택

⑥ 계속 클릭

⑦ 확인을 클릭하면 결과를 확인할 수 있다.

⑧ 2단계: 독립변수(조직공정성)가 종속변수(SCM성과)에 유의(p<.001)한 것을 확인할 수 있다. 이를 통해서 2단계가 적합함을 알 수 있다.

모형 요약

모형	R	R 제곱	수정된 R 제곱	추정값의 표준오차
1	.721ª	.520	.518	.71544

a. 예측값: (상수), 조직공정성

분산분석b

모형		제곱합	자유도	평균 제곱	F	유의확률
1	회귀 모형	157.451	1	157.451	307.606	.000ª
	잔차	145.368	284	.512		
	합계	302.820	285			

a. 예측값: (상수), 조직공정성

b. 종속변수: SCM성과

계수ª

모형		비표준화 계수		표준화 계수	t	유의확률	B에 대한 95.0% 신뢰구간	
		B	표준오차	베타			하한값	상한값
1	(상수)	1.415	.170		8.301	.000	1.080	1.751
	조직공정성	.683	.039	.721	17.539	.000	.606	.760

a. 종속변수: SCM성과

③ 3단계: 독립변수+매개변수와 종속변수 관계를 확인

❶ 분석(A)-회귀분석(R)-선형(L) 클릭

❷ 독립변수(I) 조직공정성, 조직몰입 투입

❸ 종속변수(D) SCM성과 투입

❹ 통계량(S) 클릭

❺ 그림과 같이 선택

❻ 계속 클릭

❼ 확인을 클릭하면 결과를 확인할 수 있다.

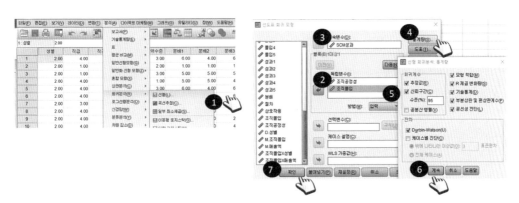

❽ 3단계: 독립변수(조직공정성)가 종속변수(SCM성과)에 유의($p<.001$)하고 매개변수(조직몰입)가 종속변수(SCM성과)에 유의($p<.001$)한 것을 확인할 수 있다. 이를 통해 3단계가 적합함을 알 수 있다.

모형 요약

| 모형 | R | R 제곱 | 수정된 R 제곱 | 추정값의 표준오차 | 통계량 변화량 | | | | | Durbin-Watson |
					R 제곱 변화량	F 변화량	df1	df2	유의확률 F 변화량	
1	.789ᵃ	.623	.621	.63495	.623	234.054	2	283	.000	1.927

a. 예측값: (상수), 조직몰입, 조직공정성
b. 종속변수: SCM성과

분산분석ᵇ

모형		제곱합	자유도	평균 제곱	F	유의확률
1	회귀 모형	188.724	2	94.362	234.054	.000ᵃ
	잔차	114.096	283	.403		
	합계	302.820	285			

a. 예측값: (상수), 조직몰입, 조직공정성
b. 종속변수: SCM성과

계수

| 모형 | | 비표준화 계수 | | 표준화 계수 | t | 유의확률 | B에 대한 95.0% 신뢰구간 | | 상관계수 | | | 공선성 통계량 | |
		B	표준오차	베타			하한값	상한값	0차	편상관	부분상관	공차	VIF
1	(상수)	.826	.165		4.995	.000	.501	1.152					
	조직공정성	.251	.060	.264	4.172	.000	.132	.369	.721	.241	.152	.331	3.019
	조직몰입	.565	.064	.558	8.807	.000	.438	.691	.775	.464	.321	.331	3.019

④ 4단계: 3단계(독립 → 종속)와 2단계의 베타값을 비교하는 과정이다.

❶ 2단계의 베타값이 0.721

❷ 3단계의 베타값이 0.264

2단계의 베타값이 더 큰 것을 알 수 있다. 이를 통해 4단계도 충족됨을 알 수 있다.

독립변수	1단계(X→M)				2단계(X→Y)				3단계(X,M → Y)			
	조직몰입				SCM성과 ❶				SCM성과 ❷			
	B	SE	베타	t(p)	B	SE	베타	t(p)	B	SE	베타	t(p)
조직공정성	0.766	0.032	0.818	23.944***	0.683	0.039	0.721	17.539***	0.251	0.06	0.264	4.172***
조직몰입									0.585	0.064	0.558	8.807***
	R(.818), R2(.669), F=573.327(p<.001)				R(.721), R2(.520), F=307.606(p<.001)				Durbin-watson(1.927), R(.789), R2(.623), F=234.054(p<.001), 공차(.331), VIF(3.019)			

⑤ 결과를 표로 정리

결과를 두 가지로 정리하였으나, 모두 동일한 내용이며 표현 방식만 다르다.

독립 변수	1단계(X→M)				2단계(X→Y)				3단계(X,M→Y)			
	조직몰입				SCM성과				SCM성과			
	B	SE	베타	t(p)	B	SE	베타	t(p)	B	SE	베타	t(p)
조직 공정성	0.766	0.032	0.818	23.944***	0.683	0.039	0.721	17.539***	0.251	0.06	0.264	4.172***
조직 몰입									0.585	0.064	0.558	8.807***
	R(.818), R^2(.669), F=573.327(p<.001)				R(.721), R^2(.520), F=307.606(p<.001)				Durbin-watson(1.927), R(.789), R^2(.623), F=234.054(p<.001), 공차(.331), VIF(3.019)			

*** p<.001

단계	독립변수	종속변수	B	SE	베타	t	p
1단계 (X→M)	조직공정성	조직몰입	0.766	0.032	0.818	23.944	0.000
	R(.818), R^2(.669), F=573.327(p<.001)						
2단계 (X→Y)	조직공정성	SCM성과	0.683	0.039	0.721	17.539	0.000
	R(.721), R^2(.520), F=307.606(p<.001)						
3단계 (X,M→Y)	조직공정성	SCM성과	0.251	0.06	0.264	4.172	0.000
	조직몰입		0.585	0.064	0.558	8.807	0.000
	Durbin-watson(1.927), R(.789), R^2(.623), F=234.054(p<.001), 공차(.331), VIF(3.019)						

⑥ 결과 작성

　매개효과 분석은 Baron과 Kenny(1986)가 제시한 3단계 분석을 실시하였으며 다음 3가지 단계가 충족되어야 한다. 1단계에서 독립변수(조직공정성)가 매개변수(조직몰입)에 유의한 영향을 미쳐야 한다. 분석 결과 유의(p<.001)한 영향을 미치는 것으로 확인되었다. 2단계에서 독립변수(조직공정성)가 종속변수(SCM성과)에 유의한 영향을 미쳐야 한다. 분석 결과 유의(p<.001)한 영향을 미치는 것으로 확인되었다. 3단계에서 독립변수(조직공정성)와 매개변수(조직몰입)는 종속변수(SCM성과)에 유의한 영향을 미쳐야 한다. 분석 결과 조직공정성과 조직몰입 모두 종속변수인 직무만족에 유의(p<.001)한 영향을 미치는 것으로 확인되었다. 마지막으로 3단계의 베터값 β(.264)보다 2단계의 베터값 β(.721)가 더 큰 것으로 확인되었다. 이를 통해 조직공정성과 SCM성과 간에 조직몰입은 매개효과를 가진다는 것을 알 수 있었고 부분 매개효과를 가지는 것으로 나타났다.

5. 매개효과 검증

　회귀분석에서 aron & Kenny(1986)이 제안하는 방식으로 매개효과를 확인한 이후, 매개효과를 검증하기 위해서 Sobel-test를 진행한다. 매개효과를 검증하는 방법은 여러 가지 있으나 회귀분석과정에서는 Sobel-test가 일반적으로 사용되며 계산 방식은 다음과 같다.

$$Z_{ab} = \frac{a \times b}{\sqrt{(a^2 \times seb^2) + (b^2 \times sea^2)}}$$

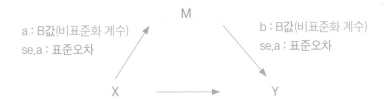

　계산을 통해서 Z의 값이 ± 1.96보다 크면 매개효과가 있다고 판단한다.

a : 독립변수와 매개변수 간의 회귀계수를 의미

b : 매개변수와 종속변수 간의 회귀계수를 의미

se.a : 독립변수와 매개변수 간의 표준오차를 의미

se.b : 매개변수와 종속변수 간의 표준오차를 의미

분석을 통해 얻은 회귀계수와 표준오차가 아래와 같다고 할 경우, 계산을 통해서 Z=8.283으로 확인된다. 그리고 이는 1.96보다 큰 수이므로 매개효과가 검증되었다고 판단할 수 있다.

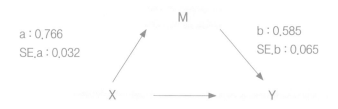

Sobel -Test 결과

구분			A	SE.a	B	SE.b	Z
조직공정성	조직몰입	성과	.766	.032	.585	.064	8.283***

*** p〈001

Sobel-test 내용 작성 예시

매개효과를 검정하기 위해 간접효과가 통계적으로 유의 한지를 검증하는 Sobel Test를 실시하였다. Sobel 검증을 실시하여 설명변인이 매개변인을 통해 종속변인에 미치는 간접효과에 대한 유의도를 검증하였다. Z값이 1.96보다 크거나 −1.96보다 작으면 매개효과는 통계적으로 유의하다고 할 수 있다. 매개효과는 다음과 같이 구하며 실시한 결과는 표로 제시하였다.

조직공정성이 조직몰입을 매개로 성과에 미치는 Z값이 8.283(p〈.001)으로 매개효과에 대한 유의성이 있는 것으로 밝혀졌다. 이를 통해서 조직몰입은 조직공정성과 성과와의 관계에서 매개효과가 검증되었다고 판단하였다.

4장

AMOS를 활용한 통계분석

1. AMOS 사용 방법 숙지하기

AMOS 프로그램으로 분석을 실시하기 전, 설문조사를 통해 수집된 데이터를 SPSS 프로그램에 입력해야 한다.

① 분석을 위한 예시 연구모형은 아래와 같다.

② 연구모형에 대한 변수들의 설문 문항 수와 설문 문항은 아래와 같다.

구분	요인	설문 문항
독립 변수	분배공정성 (5문항)	- 직급 및 전문성에 따른 보상 - 주어진 책임에 대한 보상 - 경력 빛 경험에 따른 보상 - 조직발전을 위한 노력에 따른 보상 - 업무성과에 따른 보상
	절차공정성 (5문항)	- 업적평가 기준 및 절차의 공정성 - 포상 및 성과결정 절차의 공정성 - 인사고과 및 진급(승진) 절차의 공정성 - 부서이동 기준 및 절차의 공정성 - 업무배분 방침의 공정성
	상호작용 공정성 (5문항)	- 상사의 자신에 대한 편견 배제 - 상사의 자신에 대한 친절성 - 상사의 자신에 대한 권리존중 - 상사의 자신에 대한 솔직한 의사소통 - 상사의 자신의 업무 의사소통
매개변수	조직몰입 (5문항)	- 평생 직장 다니고 싶은 마음 - 회사 문제가 나의 문제로 인식 - 직장동료에 대한 의무감 - 회사로부터 덕을 보고있음 - 이직 시 죄책감 느끼는 여부
종속 변수	SCM성과 (5문항)	- 업무처리시간 단축 - 비용절감 - 계획 및 통합업무처리 가능 - 제품 품질 향상 - 고객서비스 향상
인구통계학특성	5	성별, 직급, 직군, 종업원 수, 매출액 수준

1) AMOS 실행

① AMOS 실행하기

❶ AMOS 프로그램 실행

❷ 그림과 같은 화면이 실행된다.

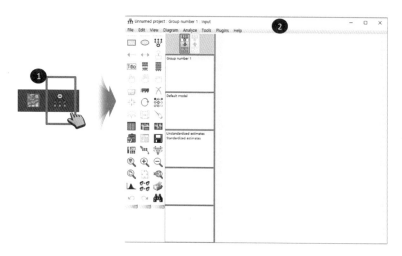

② 화면 크기 변경하기 – AMOS로 분석하기 위해서는 연구자가 연구모형을 직접 그려야 한다. 따라서 편의성을 높이기 위해서 화면 크기를 넓게 한다.

❸ View Interface Properties 선택

❹ Parper Size를 Landscape – A4로 변경

❺ Apply 클릭

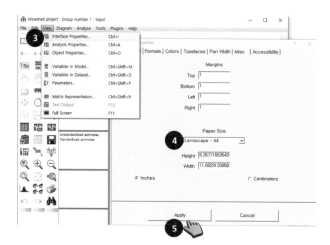

⑥ 화면 크기가 변경된 것을 확인할 수 있다.

③ 저장하기

⑦ File – Save As

⑧ 파일명 입력 후 저장

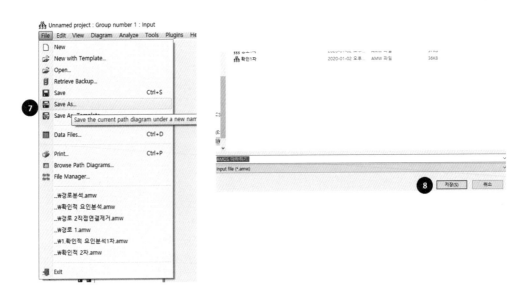

2) AMOS 분석 준비

① AMOS 분석 준비 – AMOS를 활용하여 분석하기 위해서는 SPSS 프로그램에 저장된 DATA 원본을 AMOS 프로그램에 연결해야 한다.

❶ 연구 모형을 확인하고 변수별 측정 문항을 확인한다.

❷ SPSS 프로그램의 파일을 확인한다.

❸ 저장된 SPSS 프로그램 파일을 확인한다.

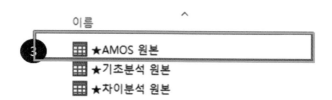

④ AMOS 기능 화면에서 해당 부분을 클릭한다.

⑤ 창이 새롭게 열리면 'File Name'을 클릭한다.

⑥ 해당하는 SPSS 파일 선택(★AMOS 원본)

⑦ 열기(O) 선택

⑧ OK 클릭

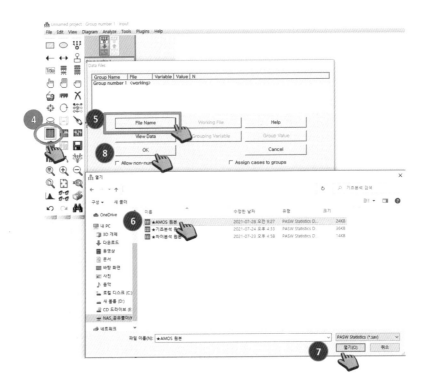

3) AMOS 기능 이해

AMOS 프로그램을 실행하면 다양한 기능을 가진 아이콘을 확인할 수 있다. 다음에 소개하는 아이콘만 숙지해도 분석하는 데 문제가 없다.

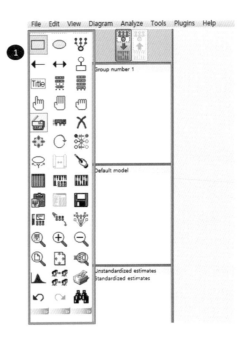

많은 통계 분석 서적에서는 모든 기능을 소개하지만, 이 책에서는 분석에 반드시 필요한 기능만 소개하였다. 그리고 해당 기능을 사용해서 모든 과정을 분석하는 것을 확인할 수 있다.

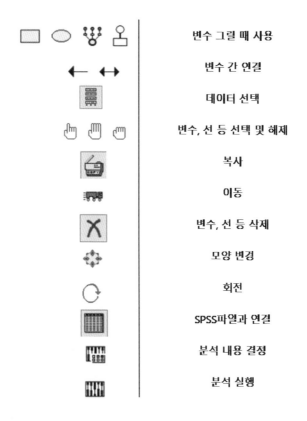

4) AMOS를 활용한 모형 그려 보기

AMOS 프로그램에서는 연구자가 직접 그려야 한다. 따라서 이를 연습해 보기로 한다.

① 연구모형 확인

❶ 모든 변수(분배, 절차, 상호작용, 조직몰입, SCM성과)는 다섯 문항을 측정하였다. 따라서 AMOS 프로그램을 사용하여 직접 연구자가 그려야 한다.

② 구조방정식 최종 분석 모형 확인 – 다음 그림은 구조방정식 분석을 하기 위해서 최종 그려진 그림이다.

❶ 분배공정성을 측정한 문항의 수가 다섯이므로 분배1~분배5까지 그림

Tip 분배공정1은 설문지 문항에서 분배공정 1번 문항의 값을 의미한다. 만약 분배공정을 열 문항 측정했다면 네모난 모양(관측변수)은 열 개가 될 것이다.

Tip 모형적합도 분석 등에서 모형적합도가 낮을 경우(SMC값 기준, M.I지수 기준)네모난 모양(관측변수)을 제거해서 적합도를 개선하게 된다.

❷ 독립변수 간에 상호 연결을 시킨다.

❸ 내생변수의 경우에는 오차항을 추가한다.

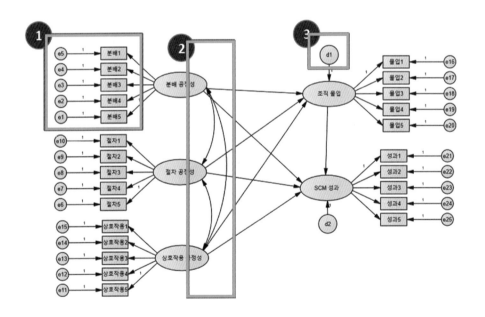

③ 독립변수 한 개 그려 보기(분배공정성)

아래는 분배공정성을 그리기 위한 예시이다.

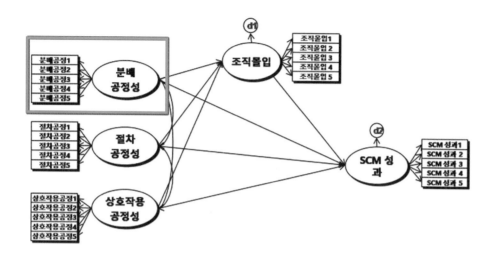

❶ 1번을 클릭

❷ 작업 화면에 적당한 크기로 타원형을 마우스로 그린다.

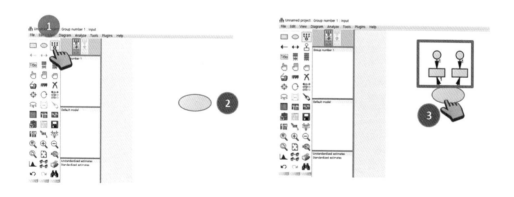

❸ 타원형에 마우스를 대고 클릭한다. 마우스를 클릭할 때마다 관측변수의 수가 하나씩 증가하게 된다.

❹ 필요한 숫자만큼 타원형을 클릭한다. 절차공정이 다섯 문항이므로 다섯 번 클릭한다.

⑤ 위치를 조정하기 위해 다섯 번 클릭

⑥ 타원형을 클릭해서 원하는 방향으로 변경한다.

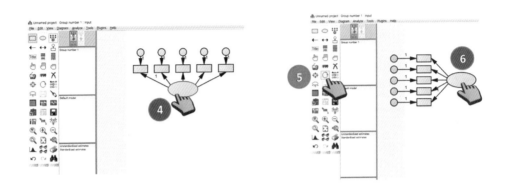

④ 독립변수 추가 그리기(절차공정성)

다음은 독립변수를 하나 더 그리는 예시이다. 앞서 그려진 분배공정성을 전체 복사한 후 붙여넣기를 할 수 있다.

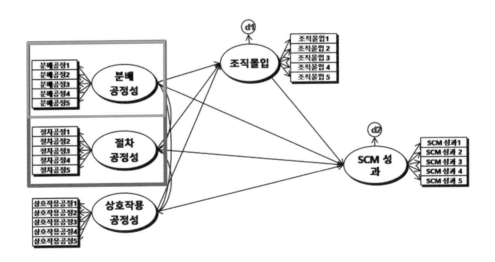

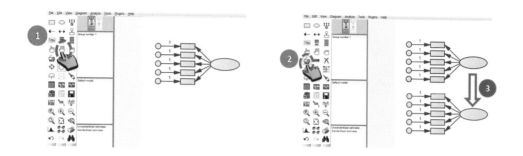

❶ 1번의 손가락 모양 전체(중간)를 클릭한다. 그렇게 되면 전체가 파란색으로 변경된다.

❷ 2번의 모양은 복사 기능이다. 2번 아이콘을 클릭한다.

❸ 마우스를 이용하여 작업 화면에 적당한 위치에 복사한다.

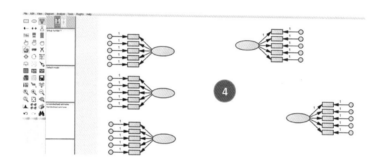

❹ 이러한 방법을 통해서 예시의 전체 그림을 완성할 수 있다. 연구를 위한 변수가 모두 그려지면 분석하기 위한 Data 값을 입력해야 한다.

5) Data 값 입력하기

그려진 모형에 대해 실제 분석할 Data 값을 입력해야 한다. 이를 위해서 앞서 AMOS 프로그램과 SPSS 프로그램과의 DATA 값을 연결하는 예시를 설명하였다. 지금부터 Data 값을 입력하기 위한 예시를 설명한다.

① 관측변수 Data 입력

❶ 분석을 하기 위해 작성된 변수 및 관측변수 결과

❷ 데이터를 입력하기 위해 2번을 클릭

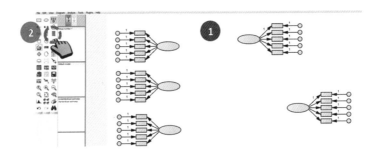

❸ 새로운 창이 뜨게 된다. 이는 앞서 SPSS 데이터를 AMOS에 연결했던 결과이다.

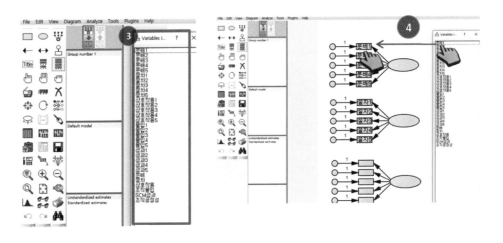

❹ 해당하는 변수를 선택하고 마우스로 끌어서 위치시킨다.

❺ 모두 완료했으면 창 닫기(x)를 한다.

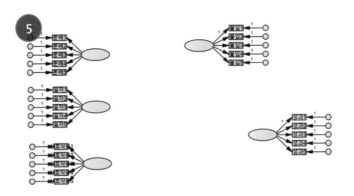

② 변수명 입력하기

❶ 변수명을 입력하기 위해서 타원을 더블클릭한다.

❷ 새로운 창이 생성되고 'Variable name'에 변수명인 '분배공정성'이라고 입력한다.

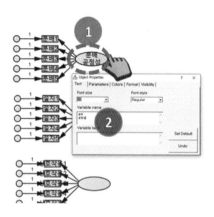

❸ 전체 변수에 대해서 동일한 방식으로 입력하여 완성한다.

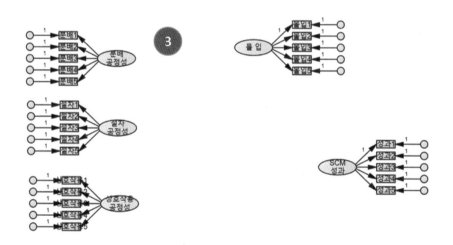

Tip 관측변수가 중복으로 삽입되면 분석 시 에러가 뜬다. 이 경우 관측변수가 제대로 삽입되었는지 다시 확인한 후 분석을 실시하면 된다.

Tip 변수명이 SPSS에서 사용된 것과 동일하게 입력되면 분석에서 에러가 뜬다. 따라서 띄워쓰기를 하여 SPSS 프로그램에서 사용한 변수명과 다르게 입력해야 한다.

	상호작용	조직몰입	SCM성과	조직공정성
0	6.00	6.40	3.60	5.87

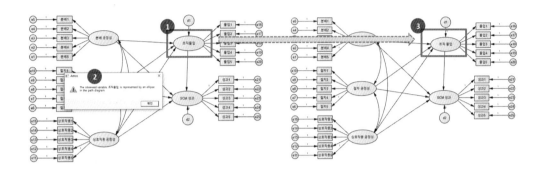

③ 오차항 입력하기

❶ 표시된 부분이 오차항이며, 오차항은 보통 소문자 'e'로 표시된다. 오차항은 변수명을 입력하는 방식과 같이 해당 부분을 더블클릭한 후 직접 입력할 수 있으며, 일괄적으로 입력하는 방식을 사용하면 편리하다.

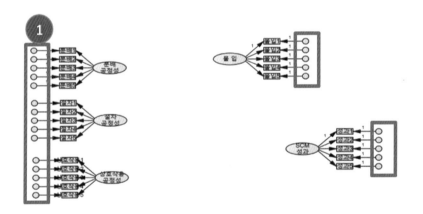

❷ 일괄적으로 오차항 번호를 부여하기 위해서 'Plugins' 클릭

❸ 'Name Unobserved Varibles' 클릭

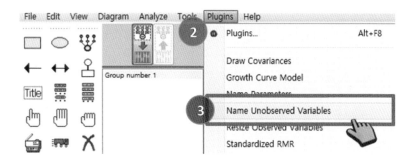

④ 자동으로 번호가 부여된다.

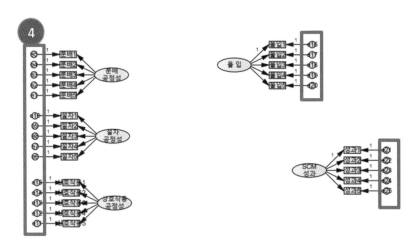

④ 글씨크기 조정하기

❶ 그림에 대비해서 글씨가 큰 것을 일괄 조정하면 보기 좋아진다.

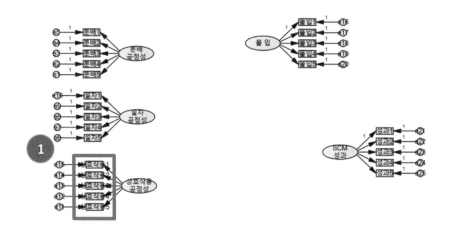

❷ 일관적으로 크기를 조정하기 위해 'Plugins' 클릭

❸ 'Resize Observed Varibles' 클릭

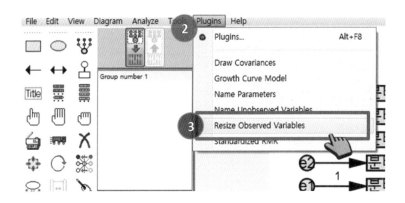

❹ 크기가 조정된 것을 확인할 수 있다.

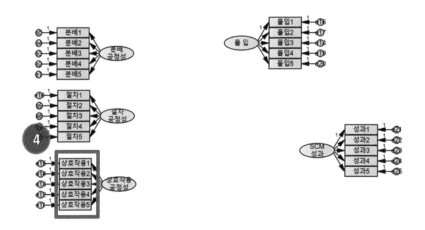

Tip 글씨 크기가 여전히 크다고 할 때 해당하는 부분을 더블클릭한 후 새롭게 생성된 창에서 글씨 크기를 줄이면 된다.

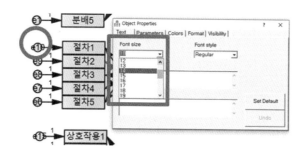

2. 확인적 요인분석

확인적 요인분석은 연구자가 이론적 근거나 선행연구 등을 바탕으로 변수들 간의 관계가 정립된 경우에 사용하는 방법이다. 즉 확인적 요인분석은 2학년 1반의 인문계(문과) 학생들을 대상으로 각 학생들이 인문계(문과) 적성에 맞는지 확인하는 분석이라 할 수 있다.

확인적 요인분석을 실시하는 이유는 첫째, 논문 심사자의 요청에 따른 경우이다. 탐색적 요인분석을 통해 요인에 대한 타당성이 부족하다고 판단되어 확인적 요인분석을 추가하라는 요청을 받게 될 때 하는 것이다. 둘째, AMOS를 사용하여 구조방정식 모형으로 가설을 검정하기 전에 필수로 거쳐야 하는 과정으로 확인적 요인분석을 실시한다.

확인적 요인분석은 크게 3단계로 구성된다.

1단계: 모형적합도 확인

모형적합도는 크게 세 가지로 구분하며 아래 표와 같다.

유형	적합지수	권장수준	적합여부
절대적합지수	x^2	>0.05	
	GFI	0.9이상, 1.0에 가까울수록	적합
	RMR	0.05이하, 0에 가까울 수록	적합
	RMSEA	0.05 ~ 0.08	적합
증분적합지수	NFI	0.9이상, 1.0에 가까울수록	적합
	NNFI(TLI)	0.9이상, 1.0에 가까울수록	적합
간명적합지수	AGFI	0.9이상, 1.0에 가까울수록	적합

2단계: 집중타당성 확인

모형적합도가 확인되었다면 다음 단계는 집중타당성을 확인하는 단계이다. 집중타당성은 개념타당성과 수렴타당성으로 구분된다. 먼저 개념타당성은 표준화 값을 확인하며 AMOS 결과에서 확인이 가능하다. 반면 수렴타당성은 평균추출지수와 개념신뢰도를 확인하되 정해진 공식에 따라 별도 계산한 후 제시되어야 한다.

유형	구분	지수	기준	비고
집중타당성	개념타당성	표준화 값	0.5 이상 (0.7 이상이면 바람직)	AMOS에서 확인 가능
	수렴타당성	평균추출지수(AVE)	0.5 이상	수작업으로 계산
		개념신뢰도(C.R값)	0.7 이상	수작업으로 계산

3단계: 판별타당성 확인

확인적 요인분석의 마지막 단계는 판별타당성을 확인하는 것이다. 판별타당성 역시 공식에 의해 계산해야 한다.

유형	기준	비고
판별타당성	평균분산추출(AVE) 값 > 상관계수^2	수작업으로 계산
	(상관계수 ± 2 X 표준오차) ≠ 1	

확인적 요인분석에서는 독립변수, 매개변수, 종속변수를 구분하지 않고 분석한다. 연구모형에 따라 변수별로 분석하기도 하고 모든 변수를 투입하여 분석하기도 한다.

❶ 연구자의 연구모형
❷ 모든 변수를 일괄적으로 투입하여 확인적 요인분석을 실시하기도 하고, 변수별로 분석하기도 한다.
❸ 구조방정식 분석에서는 연구모형대로 구성하여 분석한다.

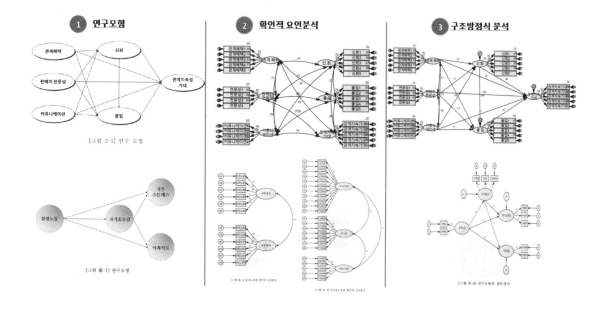

[그림 3-1] 연구 모형

[그림 Ⅲ-1] 연구모형

1) 확인적 요인분석 준비

❶ 확인적 요인분석을 실시하기 전 변수 및 관측변수를 그린다. 앞서 설명한 내용을 참고하여 그리면 된다.

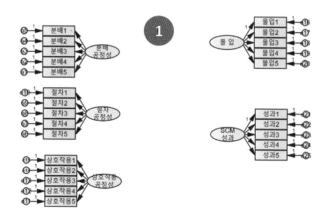

❷ 변수 간 연결을 위해 2번 클릭

❸ 변수를 각각 클릭한다. 파란색으로 변하는 것을 확인한다.

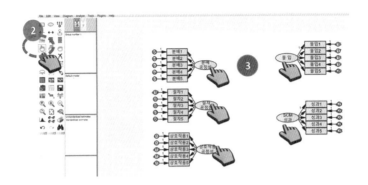

④ 일괄적으로 연결하기 위해 Plugins → Draw Covariances 선택

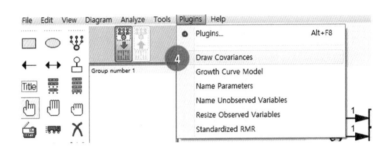

⑤ 그림과 같이 모든 변수의 연결이 완성된다.

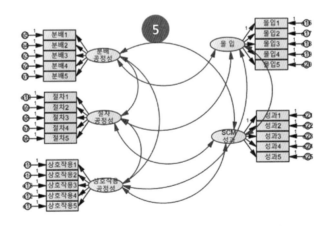

⑥ 연결선을 조절하여 조금 더 매끄럽게 하기 위해 6번 선택

⑦ 원하는 모형으로 조절하여 변경

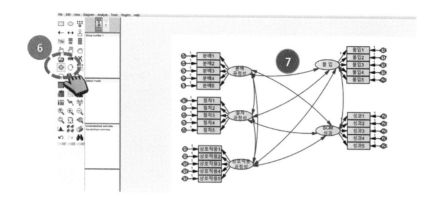

❽ 분석결과에서 확인할 내용을 선택하기 위해서 1번 클릭한다.

❾ 새롭게 생성된 창에서 'Output' Tab을 누른 후 그림과 같이 선택한다.

❿ 이후 'X' 클릭한다.

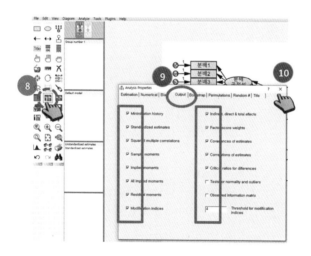

2) 확인적 요인분석 실행

❶ 분석 기능 아이콘인 1번을 클릭하면 분석이 진행된다.

❷ 분석이 완료되면 2번 아이콘이 활성화한다.

❸ 결과에 대한 그림을 비표준화(Unstandardized estimates), 표준화(Standardized estimates)로
보기 위한 선택이다. 표준화를 선택한다.

❹ 결과 그림을 확인할 수 있다.

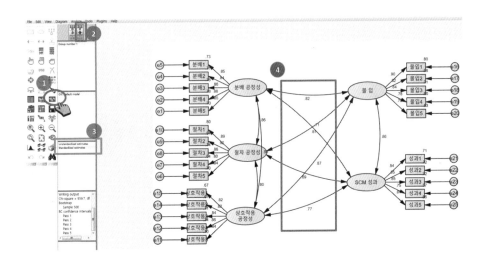

⑤ 분석결과를 확인하기 위해 5번 아이콘을 클릭한다.

Tip 모형적합도를 확인했을 때, 부적합하다고 판단되면 모형적합도를 개선해야 한다. SMC(Squared Multiple Correlations)가 0.4 미만인 값을 제거하거나 M.I(Modification Indices)가 4이상을 연결하면 개선할 수 있다.

3) 1단계 모형적합도 확인

① 모형적합도를 확인하기 위해서 'Model Fit'을 선택한다.
② 모형적합도가 전반적으로 기준치에 충족하는 것을 확인할 수 있다.

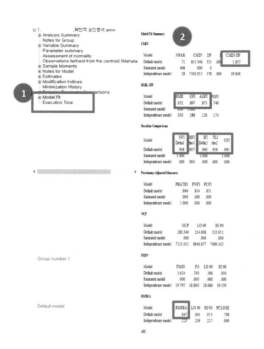

> **Tip** 모형적합도의 기준값이 모두 충족되지 않더라도 연구자가 적합하다고 생각하면 모형적합도가 충족되었다라고 판단하게 된다. 주로 0.9 이상의 기준을 요구하는 값의 경우, 0.9 이상이 되지 않더라도 0.8 이상의 값이 많다면 모형적합도 기준에 근사하다고 여기고 적합하다는 판단을 내리게 된다.

❸ 모형적합도 결과 확인

모형적합도의 권장수준과 측정값을 비교한 결과, 최종적으로 적합하다는 판단을 할 수 있다.

유형	적합지수	권장수준	측정값	적합여부
절대적합지수	x^2	>0.05		
	GFI	0.9 이상, 1.0에 가까울수록	.897	근사
	RMR	0.05 이하, 0에 가까울 수록	.032	적합
	RMSEA	0.05 ~ 0.08	.047	근사
증분적합지수	NFI	0.9 이상, 1.0에 가까울수록	.918	적합
	NNFI(TLI)	0.9 이상, 1.0에 가까울수록	.956	적합
간명적합지수	AGFI	0.9 이상, 1.0에 가까울수록	.875	근사
	CFI	0.9 이상, 1.0에 가까울수록	.961	적합

4) 2단계 집중타당도(개념타당도, 수렴타당도) 확인

❶ Estimates 클릭

❷ CR값이 1.96 이상으로 개념타당도가 확보됨을 확인

❸ 표준화값이 모두 0.5 이상이며 최소값이 몰입4(.731)임을 확인함으로써 개념타당도가 확보됨을 확인할 수 있다.

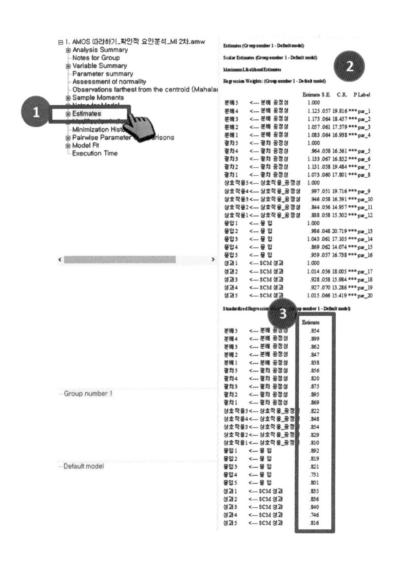

❹ 집중타당도의 두 번째인 수렴타당도를 확인하기 위해 개념신뢰도와 평균분산추출을 계산하기 위한 계산식

❺ 엑셀을 이용해서 계산식을 만들어서 표준적재치와 측정변수의 오차값을 입력한다.

❻ 개념신뢰도와 평균분산추출 결과를 확인한다. 개념신뢰도 모두 0.7 이상, 분산추출지수 0.5 이상으로 수렴타당도가 확보됨을 확인한다.

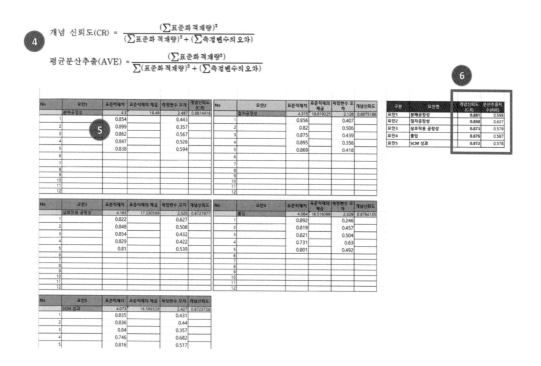

④ 개념 신뢰도(CR) $= \dfrac{(\sum 표준화 적재량)^2}{(\sum 표준화 적재량)^2 + (\sum 측정변수의 오차)}$

평균분산추출(AVE) $= \dfrac{(\sum 표준화 적재량^2)}{\sum (표준화 적재량)^2 + (\sum 측정변수의 오차)}$

No	요인1	표준적재치	표준적재의 제곱	측정변수 오차	개념신뢰도 (CR)
	분배공정성	4.3	18.49	2.487	0.8814416
1		0.854		0.443	
2		0.899		0.357	
3		0.862		0.567	
4		0.847		0.526	
5		0.838		0.594	
6					
7					
8					
9					
10					
11					
12					

No	요인2	표준적재치	표준적재의 제곱	측정변수 오차	개념신뢰도
	절차공정성	4.315	18.619225	2.126	0.8975186
1		0.856		0.407	
2		0.82		0.506	
3		0.875		0.439	
4		0.895		0.356	
5		0.869		0.418	
6					
7					
8					
9					
10					
11					
12					

No	요인3	표준적재치	표준적재의 제곱	측정변수 오차	개념신뢰도
	상호작용 공정성	4.163	17.330569	2.526	0.8727877
1		0.822		0.627	
2		0.848		0.506	
3		0.854		0.432	
4		0.829		0.422	
5		0.81		0.539	
6					
7					
8					
9					
10					
11					
12					

No	요인4	표준적재치	표준적재의 제곱	측정변수 오차	개념신뢰도
	몰입	4.064	16.516096	2.329	0.8764135
1		0.892		0.246	
2		0.819		0.457	
3		0.821		0.504	
4		0.731		0.63	
5		0.801		0.492	
6					
7					
8					
9					
10					
11					
12					

No	요인5	표준적재치	표준적재의 제곱	측정변수 오차	개념신뢰도
	SCM 성과	4.073	16.589329	2.427	0.8723728
1		0.835		0.431	
2		0.836		0.44	
3		0.84		0.357	
4		0.746		0.682	
5		0.816		0.517	

❻

구분	요인명	개념신뢰도 (CR)	분산추출지수 (AVE)
요인1	분배공정성	0.881	0.598
요인2	절차공정성	0.898	0.637
요인3	상호작용 공정성	0.873	0.579
요인4	몰입	0.876	0.587
요인5	SCM 성과	0.872	0.578

5) 3단계 판별타당성(개념타당도, 수렴타당도) 확인

❼ 판별타당성을 확인하기 위해 상관계수의 제곱값을 계산한다.

❽ 앞서 계산한 평균분산추출(AVE)값과 비교한다. 상관계수 제곱값이 모두 평균분산추출지수의 값보다 적음을 확인할 수 있다.

❾ 상관계수의 값에서 +2, -2를 한 후 표준오차를 곱한 값이 1이 포함되지 않음을 확인할 수 있다. 이를 통해 판별타당성이 확보되었다고 판단할 수 있다.

유형	기준
판별타당성	평균분산추출(AVE)값 > 상관계수^2 (상관계수±2X표준오차) ≠ 1

구분	요인1 분배공정성	요인2 절차공정성	요인3 상호작용 공정성	요인4 몰입	요인5 SCM 성과	AVE
분배공정성	1					0.59804203
절차공정성	0.434281	1				0.63676418
상호작용 공정성	0.4624	0.378225	1			0.57853955
몰입	0.395641	0.390625	0.36	1		0.58745378
SCM 성과	0.495616	0.502681	0.467856	0.446224	1	0.57799326

			Estimate	S.E.	-2	+2
분배 공정성	<-->	절차 공정성	0.659	0.025	-0.033525	0.06647
분배 공정성	<-->	상호작용_공정성	0.68	0.029	-0.03828	0.0777
분배 공정성	<-->	몰 입	0.629	0.025	-0.034275	0.06572
분배 공정성	<-->	SCM 성과	0.704	0.026	-0.033696	0.07030
절차 공정성	<-->	상호작용_공정성	0.615	0.026	-0.03601	0.0679
절차 공정성	<-->	몰 입	0.625	0.026	-0.03575	0.0682
절차 공정성	<-->	SCM 성과	0.709	0.027	-0.034857	0.07314
상호작용_공정성	<-->	몰 입	0.6	0.024	-0.0336	0.062
상호작용_공정성	<-->	SCM 성과	0.684	0.024	-0.031584	0.06441
몰 입	<-->	SCM 성과	0.668	0.023	-0.030636	0.06136

6) 결과표 작성

(1) 집중타당도 결과 요약

구분			비표준화	표준화	S.E.	C.R.	P	개념신뢰도	AVE
분배 공정성	→	분배5	1	0.854				0.881	0.598
	→	분배4	1.125	0.899	0.056	19.927	***		
	→	분배3	1.173	0.862	0.063	18.608	***		
	→	분배2	1.057	0.847	0.06	17.642	***		
	→	분배1	1.083	0.838	0.063	17.065	***		
절차 공정성	→	절차5	1	0.856				0.898	0.637
	→	절차4	0.964	0.82	0.057	16.776	***		
	→	절차3	1.133	0.875	0.067	16.89	***		
	→	절차2	1.131	0.895	0.058	19.461	***		
	→	절차1	1.073	0.869	0.059	18.287	***		
상호작용 공정성	→	상호작용5	1	0.822				0.873	0.579
	→	상호작용4	0.997	0.848	0.05	19.877	***		
	→	상호작용3	0.946	0.854	0.057	16.598	***		
	→	상호작용2	0.844	0.829	0.056	15.034	***		
	→	상호작용1	0.888	0.81	0.058	15.346	***		
조직 몰입	→	몰입1	1	0.892				0.876	0.587
	→	몰입2	0.986	0.819	0.047	21.03	***		
	→	몰입3	1.043	0.821	0.061	17.1	***		
	→	몰입4	0.869	0.731	0.061	14.176	***		
	→	몰입5	0.959	0.801	0.057	16.896	***		
SCM 성과	→	성과1	1	0.835				0.872	0.578
	→	성과2	1.014	0.836	0.056	18.044	***		
	→	성과3	0.928	0.84	0.057	16.156	***		
	→	성과4	0.927	0.746	0.068	13.556	***		
	→	성과5	1.015	0.816	0.065	15.583	***		

(2) 판별타당도 결과 요약

구분	분배공정성	절차공정성	상호작용 공정성	몰입	SCM성과
분배공정성	0.598				
절차공정성	(0.434)	0.637			
상호작용 공정성	(0.462)	(0.378)	0.579		
몰입	(0.395)	(0.391)	(0.360)	0.587	
SCM성과	(0.496)	(0.503)	(0.468)	(0.446)	0.578

7) 결과 해석 및 작성

　지금까지 SPSS를 활용하여 빈도 분석, 신뢰도 분석, 상관관계 분석을 실시하였다. 지금부터 연구 가설을 검정하기에 앞서 확인적 요인분석을 실시하였다. 확인적 요인분석은 이론적인 배경을 바탕으로 설정된 변수와 도출한 측정문항을 미리 설정한 후 요인분석을 실시하는 경우를 말한다. 확인적 요인분석에서는 연구모형의 적합도를 평가해야한다. 확인적 요인분석 뿐만 아니라 AMOS를 활용한 구조방정식 모형을 평가할 때에는 절대적합지수, 증분적합지수, 그리고 간명적합지수를 활용한 확인적 요인분석을 실시한 후 ①모형적합도를 확인한 결과 GFI(.897), AGFI(.875), NFI(.918), TLI(.956), CFI(.961), CMIN/DF(1.837)로 모형적합도가 기준에 부합함을 확인하였다.

　확인적 요인분석에서 모형 적합도를 충족하게 되면 집중타당도 검증을 실시하여야 한다. 타당성은 주로 3가지로 개념타당성, 수렴타당성, 그리고 판별타당성으로 나눌 수 있다.
　먼저 ②집중타당도의 첫번째로 개념타당성을 확인하였다. 개념타당성은 표준적재치의 값을 기준으로 0.5이상, C.R이 1.96 이상이면 개념타당성을 확보했다고 할 수 있다. 본 연구의 분석 결과를 살펴보면 표준적재치의 최소값이 몰입4(.731)로 확인되었고 모든 C.R값이 1.96 이상으로 개념타당성이 확보되었음을 알 수 있었다. 수렴타당성은 개념신뢰도(CR)와 분산추출지수(AVE)를 이용하는데 개념신뢰도(CR)는 0.7 이상일 때, 분산추출지수(AVE)는 0.5 이상일 때 수렴타당성을 확보했다고 판단한다. 분석 결과 개념신뢰도는 최소값이 SCM성과(0.872),

평균분산추출(AVE) 최소값이 SCM성과(0.578)로, 기준치에 부합하여 수렴타당성이 확보되었다고 판단할 수 있다.

③셋째, 판별타당성을 확인하였다. 판별타당성의 첫번째 조건은 (AVE값) > (상관계수)^{2}를 충족해야 한다. 두 번째는 (상관계수 ±2×표준오차) ≠ 1를 충족해야 한다. 즉, 표준오차에 2를 곱하고 상관계수에 더하거나 뺄 때, 그 값이 1을 포함하지 않아야 함을 의미한다. 위와 같은 두 가지 기준을 통해 판별타당성을 확인한 결과, 1이 포함되지 않았음을 확인할 수 있었다. 그리고 평균분산추출 값이 모두 큼을 알 수 있었다. 이를 통해 판별타당성이 확보되었음을 판단하였다.

3. 경로분석

1) 경로분석 실시

❶ 확인적 요인분석 후, 각 변수를 연구모형대로 구성한다. 이때 내생변수의 경우에는 오차항을 추가한다. 오차항을 생성하기 위해 1번 아이콘을 클릭한다.

❷ 내생변수를 클릭하여 오차항을 생성한 후 이름을 d1, d2로 입력한다.

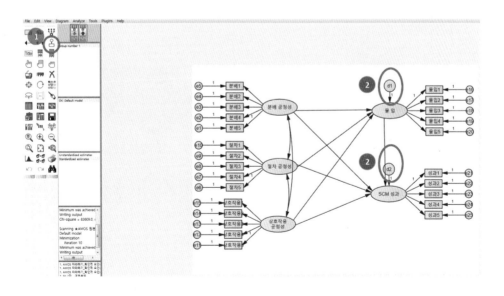

❸ 분석 전, 분석할 내용을 결정하기 위해 3번 아이콘을 클릭한다.

❹ 'output'에서 그림과 같이 선택한다.

❺ 붓트스래핑을 위해서 'output'을 선택하고, 'Perform bootstrap' 500, 'Bias-corrected confidence intervals' 95 선택

❻ 'X'를 클릭한다.

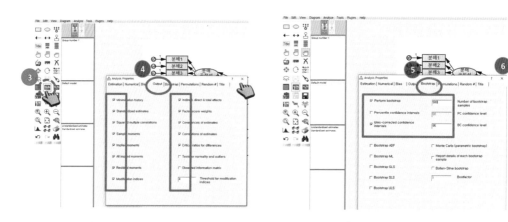

❼ 분석을 위해 7번 아이콘 클릭한다.

❽ 분석이 완료되면 8번 아이콘이 활성화한다. 8번 아이콘을 클릭한다.

❾ 경로가 그림으로 표시된다.

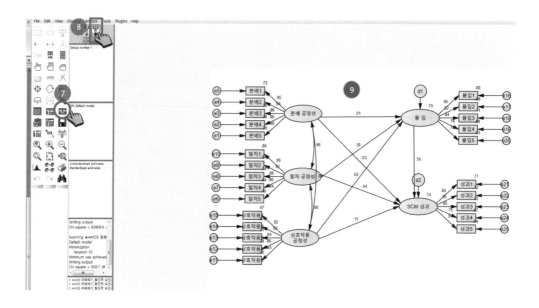

2) 경로분석 결과 해석

❶ 결과를 확인하기 위해서 1번 아이콘을 클릭한다.

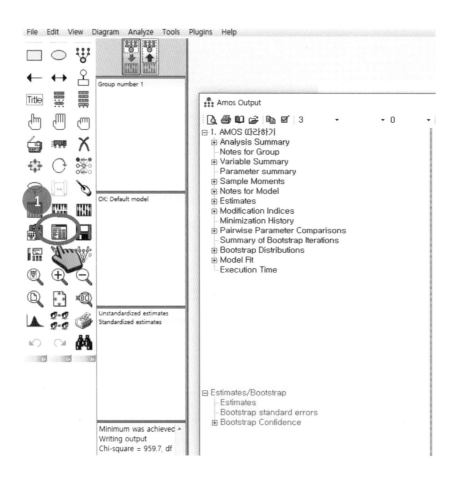

❷ 모형적합도를 확인하기 위해서 'Model Fit'을 선택한다.

❸ 모형적합도가 전반적으로 기준치를 충족하는 것을 확인할 수 있다.

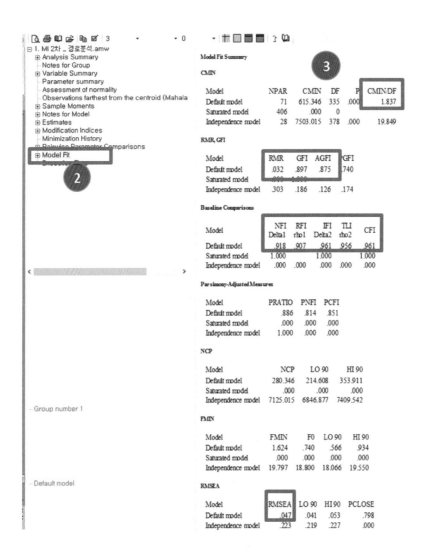

❹ 결과 확인을 위해 'Estimates' 클릭

❺ 비표준화 기준으로 결과 확인

❻ 표준화 기준으로 결과 확인

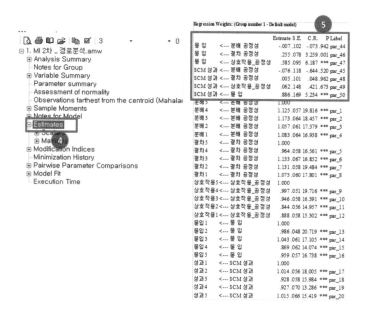

Tip 결과는 P값을 보고 판단한다. 0.05보다 작으면 유의함을 의미한다. 아래 예시에서는 절차공정성 → 몰입(P=.001), 상호작용공정성 → 몰입(P=.000), 몰입 → 성과(P=.000)이 유의하다. 반면 나머지 경로는 유의하지 않다.

3) 결과표 작성

가설	경로			비표준화(B)	표준화(베타)	S.E.	C.R.	P	결과
H1	분배 공정성	→	조직 몰입	-0.007	-0.008	0.099	-0.075	0.94	유의안함
H2	절차 공정성	→		0.255	0.276	0.076	3.333	***	유의
H3	상호작용 공정성	→		0.585	0.683	0.092	6.357	***	유의
H4	분배 공정성	→	SCM 성과	-0.076	-0.083	0.114	-0.666	0.505	유의안함
H5	절차 공정성	→		0.005	0.005	0.099	0.049	0.961	유의안함
H6	상호작용 공정성	→		0.062	0.071	0.144	0.433	0.665	유의안함
H7	조직 몰입	→		0.886	0.869	0.166	5.329	***	유의

Tip CR : 회귀분석의 t값과 동일하다. 회귀분석에서 t값이 1.96 이상이면 95% 수준에서 유의하다고 하는 것처럼 동일한 수치 개념을 가지면 표현하는 기호만 변경되었다고 이해하면 된다.

4) 결과 해석 및 작성

H1. 분배공정성은 조직몰입에 유의한 영향을 미칠 것이다.

분배공정성이 조직몰입에 영향을 미치는 회귀계수는 -.007이고, 표준오차는 .099, CR(Critical Ratio)=-.075 〈 t=[±1.96]이므로 유의(p〉.05)하지 않음을 알 수 있다. 따라서 가설 1은 기각되었으며 분배공정성이 강화된다고 하더라도 조직몰입이 향상되지 않는다는 것을 확인할 수 있었다.

H2. 절차공정성은 조직몰입에 유의한 영향을 미칠 것이다.

분배공정성이 조직몰입에 영향을 미치는 회귀계수는 .255이고, 표준오차는 .276, CR(Critical Ratio)=3.333 〉 t=[±1.96]이므로 유의(p〈.001)함을 알 수 있다. 따라서 가설 2는 채택되었으며 절차공정성이 강화되면 조직몰입이 향상된다는 것을 확인할 수 있었다.

5장

Expert Choice를 활용한 AHP 분석

AHP는 의사결정기법으로 다양한 분야에서 널리 사용되는 방법론이다. 의사결정 상황에서 평가자의 경험, 사고, 직관, 지식 등을 통해 도출된 여러 요소를 쌍대 비교하여 계층적으로 우선순위를 도출하는 기법이다.

즉 인간은 다섯 가지 이상의 요소에 대해 우선순위를 정할 때 어려움을 느낀다. 우선순위를 결정해야 하는 요소가 많아질수록 우선순위를 체계 있게 정하는 것이 쉽지 않다. 하지만 AHP 기법은 복잡한 문제해결을 할 때 주 요소와 세부 요소로 문제를 계층화한다. 그런 뒤 각각의 요소를 쌍대 비교한다. 그 후 도출된 가중치에 대해 일관성을 검증하고 일관성이 확보된 응답에 대해서만 분석 결과로 활용하는 특징을 지니고 있다.

1. AHP 설문지 작성하기

AHP 분석을 설명하기 전, AHP 분석을 위한 설문지 작성 방법에 대해 소개하고자 한다.

① 계층모형 구성하기

우선, AHP 분석을 위한 설문지를 작성하기 위해서는 계층모형을 구성해야 한다. AHP 계층모형을 구성하는 방법은 선행연구나 델파이 등으로 도출된 요소를 연구자가 재구성하여 모형을 구성한다.

❶ 계층1 – 연구의 목표를 제시한다.

❷ 계층2 – 의사결정을 위해 구성된 요소를 의미하며, 숫자는 제한은 없으나 3~6가지로 구성한다.

❸ 계층3 – 각 요소의 하위요소이며, 3~6가지 정도로 구성한다.

② 쌍대 비교용 설문지 작성

❶ 2계층에 대한 우선순위를 정하기 위해서 쌍대 비교 설문지를 작성한다. 기업 측면과 제도적 측면 중에서 더 중요한 부분에 표시할 수 있도록 1점을 기준으로 양쪽으로 7점까지 부여한다.

Tip 척도는 연구자마다 5점, 7점, 9점 척도로 구성할 수 있다.

❷ 기업적 측면과 다른 요소들을 1:1(쌍대) 비교를 실시한다.

❸ 제도적 측면과 다른 요소들을 1:1(쌍대) 비교를 실시한다.

❹ 운영적 측면과 다른 요소들을 1:1(쌍대) 비교를 실시한다.

❺ 정보시스템 측면과 다른 요소들을 1:1(쌍대) 비교를 실시한다.

Ⅱ. <주요 요인>간 중요도 평가 설문 시작

[문 1] 주요 요인들 간 상대적 중요도가 어느 정도라고 생각하시는지 표기하여 주십시오. (√)

A	매우 중요	↔	중요	↔	같다	↔	중요	↔	매우 중요	B
기업적 측면	6	5	4	3	2	1	2	3	4	5	6	제도적 측면
기업적 측면	7	6	5	4	3	2	1	2	3	4	5	6	운영적 측면
기업적 측면	7	6	5	4	3	2	1	2	3	4	5	6	정보시스템 측면
기업적 측면	7	6	5	4	3	2	1	2	3	4	5	6	의사소통 측면
제도적 측면	6	5	4	3	2	1	2	3	4	5	6	운영적 측면
제도적 측면	7	6	5	4	3	2	1	2	3	4	5	6	정보시스템 측면
제도적 측면	7	6	5	4	3	2	1	2	3	4	5	6	의사소통 측면
운영적 측면	6	5	4	3	2	1	2	3	4	5	6	7	정보시스템 측면
운영적 측면	7	6	5	4	3	2	1	2	3	4	5	6	7	의사소통 측면
정보시스템 측면	6	5	4	3	2	1	2	3	4	5	6	의사소통 측면

❻ 2계층에 대한 비교가 마무리되고 나면 3계층의 하위요인별로 비교하기 위한 설문지를 구성한다.

❼ 기업측 측면에 대한 설문지를 구성한다.

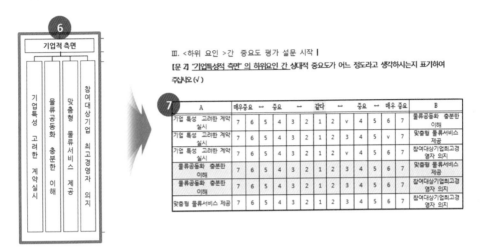

그 후 계속해서 '제도적 측면', '운영적 측면', '정보시스템 측면', '의사소통 측면'의 하위요 소들에 대한 우선순위를 비교하기 위해 설문지를 구성하여야 한다.

Tip 3계층을 비교할 경우에는 2계층의 각 하위요인에 해당하는 내용 간 비교만 실시한다. 3계층에 있 는 모든 내용을 비교하지 않는다.

③ 설문 코딩

❶ AHP 설문지 순서에 따른 엑셀 코딩표를 작성한다.

❷ 설문지가 회수된 후에는 응답자별로 결과를 입력한다.

❸ 1을 기준으로 왼쪽에 응답했을 경우 '−', 1을 기준으로 오른쪽에 응답했을 경우 '+'를 기 입한다.

❹ 1번 응답의 경우 오른쪽에 4를 표시했기 때문에 +4로 표시하였음.

6번 응답의 경우 왼쪽에 4를 표시했기 때문에 −4로 표시하였음.

2. Expert Choice 프로그램 활용한 AHP 분석

(1) AHP 분석 준비 단계

① Expert Choice 실행하기

❶ Expert Choice 프로그램 아이콘 클릭

❷ 화면이 생성된다.

❸ Cancel을 클릭한다.

❹ File New 선택

❺ 저장

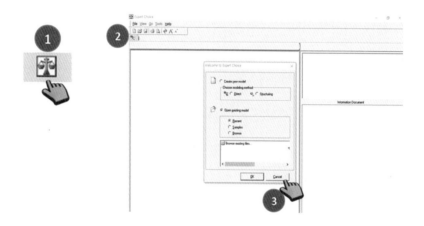

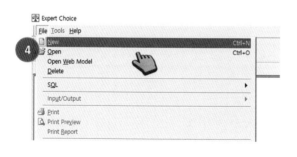

② 1계층 생성하기

❶ 프로그램으로 만들 1계층임

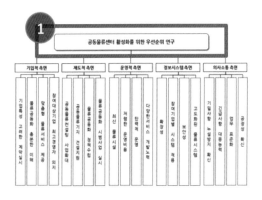

❷ 새로운 이름으로 저장하면 'Goal'을 입력하기 위한 창이 자동으로 뜬다.

❸ 연구모형과 같은 내용을 입력하고 OK를 클릭한다.

❹ 제목이 생성된 것을 확인할 수 있다.

③ 2계층 생성하기

❶ 프로그램으로 만들 2계층임

❷ Edit - Insert Child of Current Node를 클릭한다.

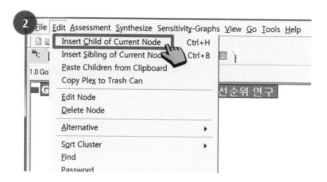

❸ 연구모형 순서대로 입력한다.

Tip 반드시 Enter를 눌러야 다음 내용을 입력할 수의 칸이 생성된다.

❹ 연속적으로 계속 입력한다.
❺ 모두 입력한 후 Enter를 누
르면 완료가 된다.

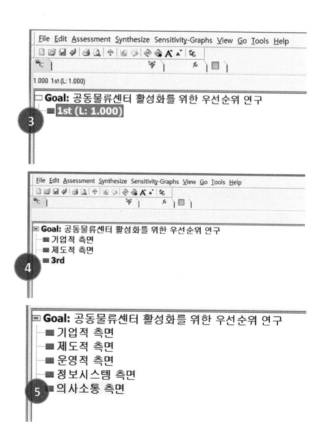

④ 3계층 생성하기

❶ 프로그램으로 만들 3계층이며, 각 요소별로 동일한 방식으로 따로 만들면 된다.

❷ 기업적 특성에 마우스를 클릭하고 Edit-Insert Child of Current Node를 클릭한다.

❸ 연구모형대로 내용 입력 – ENTER를 눌러 다음 내용 입력 칸 생성 – 계속해서 내용 입력 후 마무리

❹ 제도적 측면에 마우스를 클릭 Edit-Insert Child of Current Node를 클릭한다.

❺ 연구모형대로 내용 입력 – ENTER를 눌러 다음 내용 입력 칸 생성 – 계속해서 내용 입력 후 마무리

❻ 동일한 과정을 통해 계층구조를 최종 완성한다.

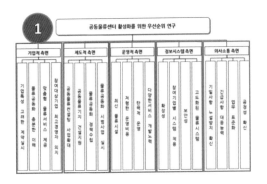

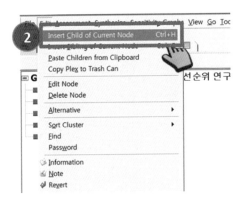

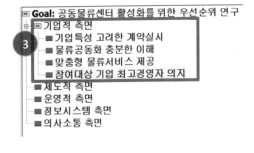

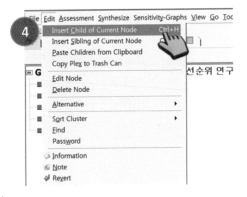

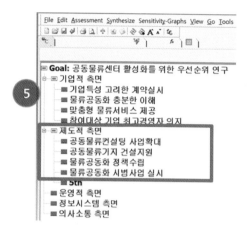

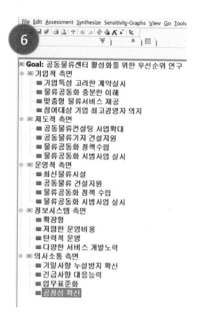

(2) AHP 분석 단계

① 응답 인원 수 입력 하기

❶ AHP 분석을 하기 전, 입력할 응답 인원 수를 미리 입력해야 한다. 이를 위해 사람그림 이 모티콘을 클릭한다.

❷ 새로운 창이 생성된다.

❸ Edit – Add N Participants를 클릭한다.

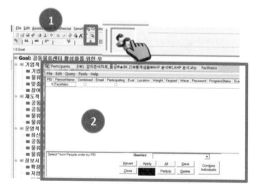

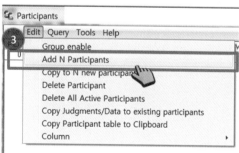

❹ 분석에 활용한 응답자 수를 입력한다.

❺ 확인을 클릭한다.

❻ 입력한 응답자만큼 인원수가 생성된다.

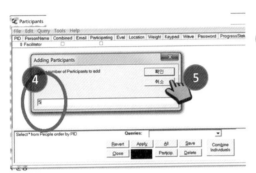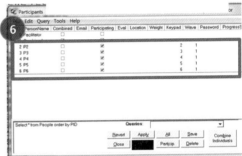

Tip P2는 1번 응답자, P3는 2번 응답자, P4는 3번 응답자, P5는 4번 응답자, P6는 5번 응답자를 의미한다.

❼ Combine individuals를 클릭한다.

❽ Judgments(in hierarchy) only를 클릭한다.

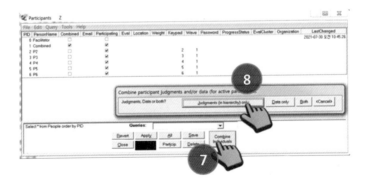

❶ 2계층의 1번 응답자에 대한 응답 결과이다.

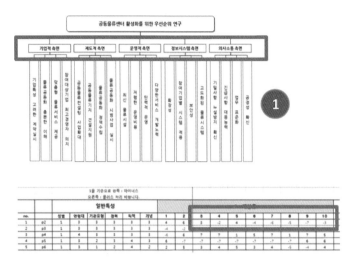

❷ Expert Choice 프로그램에서 1번 응답자에 대한 결과를 생성하기 위해서 P2를 선택한다.

❸ 첫 번째 응답자(P2)를 선택 확인한다.

❹ 2계층 제목을 클릭한다.

❺ 결과값을 입력하기 위해 해당(3:1) 부분을 클릭한다.

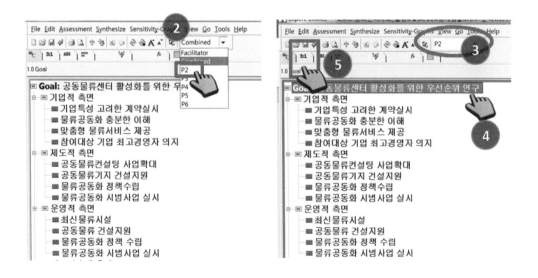

❻ 결과값을 입력하기 위해 해당 부분을 마우스로 조정하여 숫자를 입력한다.

❼ 결과값이 입력된 것을 확인할 수 있다.

❽ 해당 결과에 대한 일관성 지수(C.I)를 의미한다.

❾ 해당 응답자에 대한 결과 입력이 마무리되면 해당 부분을 클릭한다.

Tip 일관성 지수(C.I: Consistency Index)는 각 응답자가 응답한 결과에 대해 일관성 정도를 나타내는 것이다. 일관성 지수가 0.1 이상일 경우에는 원칙적으로 새롭게 설문을 하도록 유도한다. 일관성 지수가 0.1 이상인 응답에 대해서는 분석에서 제외한다. 단, 일관성 지수의 기준을 최대 0.2까지 허용하는 경우도 있다.

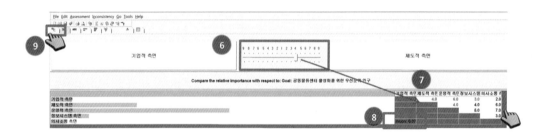

③ 1번 응답자 3계층(기업적 측면) 설문 응답결과 입력하기

❶ 3계층 결과 입력할 부분을 나타낸다.

❷ 설문 결과의 코딩 결과를 나타낸다.

❸ 3계층 분석할 부분(기업적 측면)을 클릭한다.

❹ 해당 아이콘(3:1)을 클릭한다.

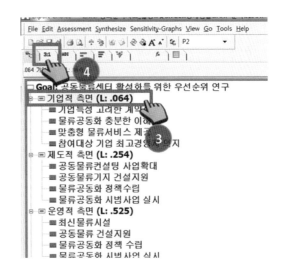

⑤ 각 값을 조정한다.

⑥ 결과값 입력을 확인한다.

⑦ 결과값이 입력되면 팝업창이 뜬다. 결과값 입력 이상 여부를 확인한 후 예(Y)를 클릭한다.

⑧ 해당 아이콘 클릭하면 다음 분석을 진행하기 위한 화면으로 이동한다.

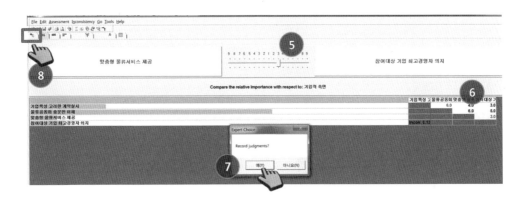

④ 1번 응답자 3계층(제도적 측면) 설문 응답결과 입력하기

❶ 3계층 결과 입력할 부분을 나타낸다.

❷ 설문 결과의 코딩 결과를 나타낸다.

❸ 3계층 분석할 부분(제도적 측면)을 클릭한다.

❹ 해당 아이콘(3:1)을 클릭한다.

❺ 각 값을 조정한다.

❻ 결과값 입력을 확인한다.

❼ 결과값이 입력되면 팝업창이 뜬다. 결과값 입력 이상 여부를 확인한 후 예(Y)를 클릭한다.

❽ 해당 아이콘 클릭하면 다음 분석을 진행하기 위한 화면으로 이동한다.

❾ 이러한 과정을 거쳐 입력을 마무리한다. 모두 입력이 되면 초록색으로 변한다.

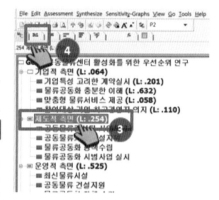

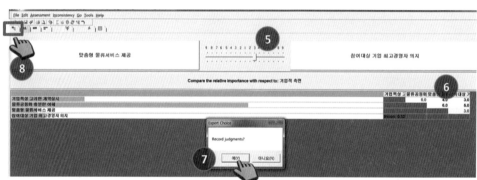

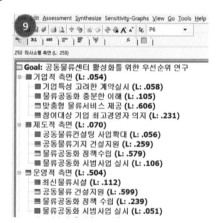

⑤ 입력 마감 처리하기

❶ Combined를 선택한다.

❷ 사람 그림 아이콘을 선택한다.

❸ 3번의 창이 생성된다.

❹ Combine individuals를 클릭한다.

❺ Judgments(in hierarchy) only를 클릭한다.

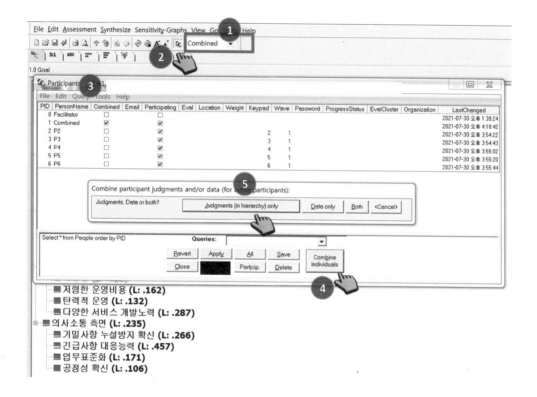

(3) AHP 분석 결과 확인 단계

① 일관성 지수(C.I) 초과 응답자 제외하기

❶ View – Inconsistencies를 선택한다.

② 해당 부분을 선택한다.

③ 응답자별로 전체 응답에 대한 C.I를 나타낸다. 응답자별로 C.I가 0.1이 넘는 응답을 확인한다.

④ 응답자별로 요인별 C.I값을 확인한다.

Tip 원칙적으로 해당 부분에 C.I가 높은 경우 새롭게 설문조사를 실시하여 분석한다. 하지만 추가로 실시하지 않고 현재 수준에서 결과를 가지고 0.1 이하인 응답만 분석에 사용하기도 한다. 이는 연구자가 판단하면 된다.

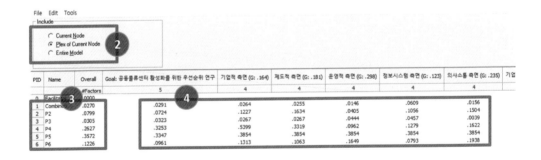

⑤ 사람 모양 아이콘을 선택

⑥ C.I가 0.1이 넘는 P4, P5, P6 선택 해제

⑦ Particip 선택

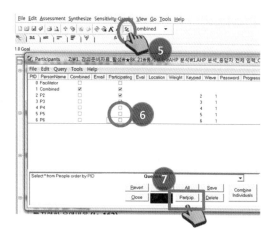

⑧ C.I가 0.1이 넘는 P4, P5, P6가 제외된 화면으로 변경된다.

⑨ Combine individuals를 클릭한다.

⑩ Judgments(in hierarchy) only를 클릭한다.

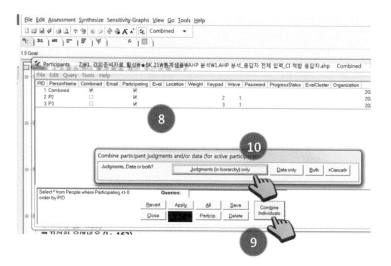

② 계층별 결과 확인하기

❶ 상위요소(2계층)부터 결과를 확인한다. Goal에 마우스를 클릭한다.

❷ 표시 부분의 아이콘을 선택한다.

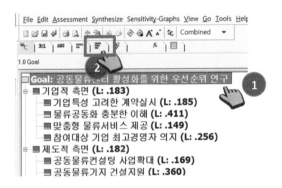

❸ 상위요소(2계층) 결과를 확인할 수 있다. 일관성 비율이 0.03이며 0.1보다 낮음을 알 수 있다. 즉 해당 결과는 일관성이 확보되었으므로 분석결과는 적합하다.

> **Tip** 일관성 비율(C.R : Consistency Ratio)은 분석에 사용된 전체 응답자의 응답 신뢰성을 의미한다. 반면 일관성 지수인 C.I는 개별 응답자의 응답 신뢰도를 의미한다.

❹ 각 요소별 가중치를 확인할 수 있다. 가중치의 합은 1이다. 기업적 측면(0.183), 제도적 측면(0.182), 운영적 측면(0.423), 정보시스템 측면(0.106), 의사소통 측면(0.106)임을 나타낸다. 우선순위는 가중치가 높은 순으로 1위(운영적 측면), 2위(기업적 측면), 3위(제도적 측면), 4위(정보시스템 측면, 의사소통 측면)로 확인된다.

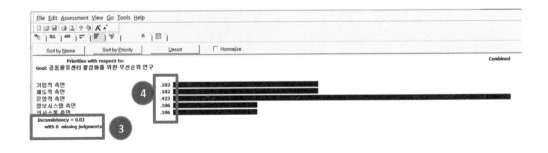

❺ 각 하위요소(3계층)별 마우스를 클릭한다.

❻ 해당 아이콘을 클릭한 후 결과를 확인한다.

③ 전체 우선순위 확인

❶ Goal을 클릭한다.

❷ 해당 아이콘을 클릭한다.

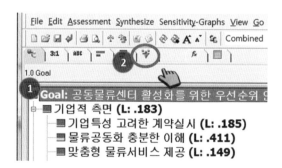

❸ Sort by Name을 클릭하면 세부 요인 순서별로 총 가중치를 확인할 수 있다.

❹ Sort by Priority를 클릭하면 우선순위별로 내용을 확인할 수 있다.

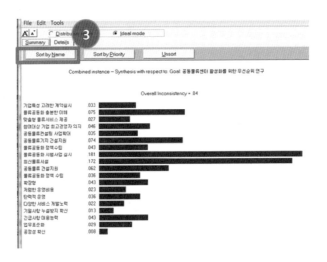

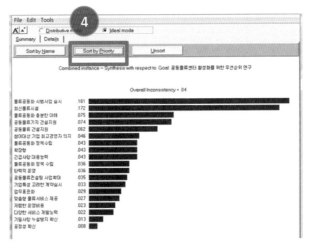

(4) AHP 결과 정리 단계

AHP 결과표를 해석하는 것은 상대적으로 쉽다. 이는 표의 내용을 연구자가 설명하면 되기 때문이다. 즉 표의 내용을 풀어서 정리하면 된다.

① 계층별 결과표 정리하기

상위요인에 대한 분석결과 일관성 비율(Consistency Ratio: CR)은 0.1 이하인 0.03으로 적합한 것으로 나타났다. 기업적 측면(0.183), 제도적 측면(0.182), 운영적 측면(0.423), 정보시스템 측면(0.106), 의사소통 측면(0.106)임을 나타낸다. 우선순위는 가중치가 높은 순으로 1위(운영적 측면), 2위(기업적 측면), 3위(제도적 측면), 4위(정보시스템 측면, 의사소통 측면)로 확인된다. 상위요인의 중요도 및 우선순위 결과는 다음 표와 같다.

대분류	C.R	중요도	우선순위
기업적 측면		0.183	2
제도적 측면		0.182	3
운영적 측면	0.03	0.423	1
정보시스템적 측면		0.106	4
의사소통측면		0.106	4

Priorities with respect to:
Goal: 공동물류센터 활성화를 위한 우선순위 연구   Combined

기업적 측면   .183
제도적 측면   .182
운영적 측면   .423
정보시스템 측면   .106
의사소통 측면   .106
Inconsistency = 0.03
  with 0 missing judgments.

위와 동일한 방식으로 작성하면 된다.

대분류	소분류	C.R	중요도	우선순위
기업적 측면	기업특성 고려한 계약실시	0.06	0.185	3
	물류공동화 충분한 이해		0.411	1
	맞춤형 물류서비스 제공		0.149	2
	참여대상 기업 최고경영자 의지		0.256	2

Priorities with respect to:
Goal: 공동물류센터 활성화를 위한 우선순위 연구
>기업적 측면

Combined

기업특성 고려한 계약실시 .185
물류공동화 충분한 이해 .411
맞춤형 물류서비스 제공 .149
참여대상 기업 최고경영자 의지 .256
Inconsistency = 0.06
with 0 missing judgments.

대분류	소분류	C.R	중요도	우선순위
제도적 측면	공동물류컨설팅 사업확대	0.03	0.169	4
	공동물류기지 건설지원		0.36	1
	물류공동화 정책수립		0.207	3
	물류공동화 시범사업실시		0.264	2

Priorities with respect to:
Goal: 공동물류센터 활성화를 위한 우선순위 연구
>제도적 측면

Combined

공동물류컨설팅 사업확대 .169
공동물류기지 건설지원 .360
물류공동화 정책수립 .207
물류공동화 시범사업 실시 .264
Inconsistency = 0.03
with 0 missing judgments.

대분류	소분류	C.R	중요도	우선순위
운영적 측면	최신 물류시설	0.04	0.434	1
	저렴한 운영비용		0.156	3
	탄력적 운영		0.091	4
	다양한 서비스 개발 노력		0.319	2

Priorities with respect to:
Goal: 공동물류센터 활성화를 위한 우선순위 연구
>운영적 측면

Combined

최신물류시설 .434
저렴한 운영비용 .156
탄력적 운영 .091
다양한 서비스 개발 노력 .319
Inconsistency = 0.04
with 0 missing judgments.

대분류	소분류	C.R	중요도	우선순위
정보 시스템적 측면	확장성	0.04	0.346	1
	참여기업별 시스템 적용		0.189	3
	보안성		0.286	2
	고도화된 물류시스템		0.179	4

Priorities with respect to:
Goal: 공동물류센터 활성화를 위한 우선순위 연구
>정보시스템 측면

Combined

확장형	.346
참여기업별 시스템 적용	.189
보완성	.286
다양한 서비스 개발노력	.179

Inconsistency = 0.04
   with 0 missing judgments.

대분류	소분류	C.R	중요도	우선순위
의사 소통 측면	긴밀사항 누설방지 확신	0.05	0.141	3
	긴급사항 대응능력		0.462	1
	업무표준화		0.312	2
	공정성확신		0.085	4

Priorities with respect to:
Goal: 공동물류센터 활성화를 위한 우선순위 연구
>의사소통 측면

Combined

기밀사항 누설방지 확신	.141
긴급사항 대응능력	.462
업무표준화	.312
공정성 확신	.085

Inconsistency = 0.05
   with 0 missing judgments.

② 전체 결과표 정리하기

대분류	중요도	소분류	중요도	총 가중치	전체 우선순위
기업적 측면	0.183	기업특성 고려한 계약실시	0.185	0.033	14
		물류공동화 충분한 이해	0.411	0.075	3
		맞춤형 물류서비스 제공	0.149	0.027	16
		참여대상 기업 최고경영자 의지	0.256	0.046	7
제도적 측면	0.182	공동물류컨설팅 사업확대	0.169	0.035	13
		공동물류기지 건설지원	0.36	0.074	4
		물류공동화 정책수립	0.207	0.043	8
		물류공동화 시범사업실시	0.264	0.054	6
운영적 측면	0.423	최신 물류시설	0.434	0.172	1
		저렴한 운영비용	0.156	0.062	5
		탄력적 운영	0.091	0.036	11
		다양한 서비스 개발 노력	0.319	0.127	2
정보 시스템적 측면	0.106	확장성	0.346	0.043	8
		참여기업별 시스템 적용	0.189	0.023	17
		보안성	0.286	0.036	11
		고도화된 물류시스템	0.179	0.022	18
의사 소통 측면	0.106	긴밀사항 누설방지 확신	0.141	0.013	19
		긴급사항 대응능력	0.462	0.043	8
		업무표준화	0.312	0.029	15
		공정성 확신	0.085	0.008	20